从优秀到卓越

张艳玲 ◎ 编著

民主与建设出版社
·北京·

©民主与建设出版社,2018

图书在版编目(CIP)数据

从优秀到卓越/张艳玲编著.—北京:民主与建设出版社,2017.12
ISBN 978-7-5139-1721-6

Ⅰ.①从… Ⅱ.①张… Ⅲ.①成功心理–通俗读物
Ⅳ.①B848.4–49

中国版本图书馆CIP数据核字(2017)第296939号

从优秀到卓越
CONGYOUXIU DAOZHUOYUE

出 版 人:	许久文
编 著:	张艳玲
责任编辑:	王 颂 袁 蕊
出版发行:	民主与建设出版社有限责任公司
电 话:	(010)59419778 59417747
社 址:	北京市海淀区西三环中路10号望海楼E座7层
邮 编:	100142
印 刷:	三河市天润建兴印务有限公司
版 次:	2018年1月第1版
印 次:	2018年4月第2次印刷
开 本:	710mm×1000mm 1/16
印 张:	17
字 数:	130千字
书 号:	ISBN 978-7-5139-1721-6
定 价:	39.80元

注:如有印、装质量问题,请与出版社联系。

前言
PREFACE

在职场沉浮多年,早能驾轻就熟地应对工作了,好像该做的事都做了,可你为什么还不是优秀的员工?为什么你还在坐"冷板凳"?为什么你只还是一个"小角色"?

先不要愤愤不平,不要抱怨,先看看你是怎样工作的,从自身找找原因。在工作中,上司交给你某项任务,而你却首先回答说"无从下手啊""我不会维修机器""缺少信息和资料"……好像工作还未开始,完不成任务的种子就已经埋下了,而且都是那么"合情合理"、冠冕堂皇。

不用多说了,你不够优秀的原因已浮出了水面——你无法出色地完成工作,是因为你缺少成为优秀人物应有的素质,而这也正是许多人不够优秀的"致命伤"。

在竞争趋于白热化的商业社会中,不负责任的人,根本无法胜任自己的工作,事业也不可能获得成功,"优秀"自然也就无从说起。所以,无论面对什么样的任务,你都要记住自己的责任;无论在什么样的工作岗位上,都要对自己的工作负责,勤勤恳恳、认认真真地对待。除此之外,别无选择。要知道,接受了任务就意

前 言
PREFACE

味着做出了承诺,就意味着你要"克服困难"去实现目标。这是作为优秀员工必须具备的关键素质之一。

了解了这些,你就应该认真反思。从某种程度上讲,现在的你是否优秀并不是最重要的,最重要的是,明天的你是否优秀,并从优秀走向卓越。而明天的优秀则取决于今天的训练和培养,它需要你从现在开始有计划地训练,从点滴中积累,而不要等到明天,做无谓的叹息。

事实上,任何领域中的优秀人士之所以拥有强大的执行力,能高效地完成任务,除了上面说到的责任感,还有三点不可忽视:首先是因为他们勤劳,他们所付出的艰辛要比一般人多得多。其次是拥有敬业精神,这是一种非常重要的职业品性,能够帮助你克服工作中任何"不可能"的困难,进而让你在自己的领域出类拔萃。最后一点也是最重要的一点是自信,它可以帮助你提高自己的能力,创造性地完成自己的工作。

总之,要成为一名优秀的员工所凭借的绝不是安逸的空想,而是踉跄中的执著,逆境中的自信,艰苦中的勤勉和奋发,是在任何环境中扎实工作的敬业精神。正

前言
PREFACE

  是这些精神,赋予每位优秀员工以强劲的工作动力,使他们能够出色地完成任务。

  本书期待着能够帮助读者认清自己,知道一名优秀的职场人士所应该具备的品质、所应该做的事情,树立以"责任感"为基础的思维方式,思考"如何贡献一己之力"和"如何改变现状"等成就卓越的关键问题。只有真正认识自己,准确定位,才能实现从优秀到卓越的质的飞跃。

目 录
CONTENTS

第一章
永远快人一步

001

01 抢先一步，先下手为强 / 002
02 想别人所未想，做别人所未做 / 005
03 变"要我做"为"我要做" / 009
04 自动自发，不为问题找借口 / 014
05 主动执行，不要等人交代 / 018
06 主动找方法能让你脱颖而出 / 022
07 拥抱"及时"，远离"差不多" / 026
08 把不可能变成可能 / 031
09 以最快的速度搜集信息 / 035
10 善于捕捉对工作有用的信息 / 041

第二章
有效管理时间，才能成就大事

047

01 严格遵守时间限定 / 048
02 主动创新，主动改变 / 052

03 把精力放在最具"生产力"的事情上 / 057
04 有效管理工作时间 / 061
05 及时发现问题并报告 / 066
06 办公时间少说多做 / 071
07 找到浪费时间的原因,提高工作效率 / 074
08 只和"现在"打交道 / 079

第三章

敬业成就卓越

083

01 把敬重自己的工作当成习惯 / 084
02 热情比智慧更重要 / 088
03 不要满足于自己的工作现状 / 092
04 把全部精力放在工作上 / 096
05 从小事做起 / 099
06 养成注重细节的好习惯 / 103
07 工作不仅仅是为了谋生 / 107
08 认真细致,精益求精 / 111
09 像老板一样工作 / 115

第四章

从平凡到优秀

119

01 把困难当做机会,把危机当做转机 / 120

02 越想放弃的时候，越不能放弃 / 124

03 做好自己的分内事 / 128

04 没有目标就不会有高绩效 / 133

05 寻找自己的最佳位置 / 139

06 用心做事 / 143

07 独立思考，做对的事情 / 148

08 了解自己的工作，并发现其中的问题 / 152

09 专注专业，讲求深度 / 158

10 良禽择木而栖 / 162

11 立即去做，绝不拖延 / 166

12 梦想少一点，计划多一点 / 170

13 养成终生学习的习惯 / 174

第五章

在优秀的团队中，你会变得更优秀

179

01 团队协作是职场生存之本 / 180

02 集思广益，听取他人的建议 / 186

03 建立自己的人际关系网络 / 191

04 尊重同事，增强合作精神 / 196

05 容得下平庸的上司 / 200

06 勇敢地承认自己的错误与无知 / 203

第六章
责任感成就卓越的人生

205
- 01 责任心使人卓越 / 206
- 02 勇于负责的精神是改变一切的力量 / 211
- 03 热爱工作，增强自己的责任感 / 216
- 04 推卸责任的人将被淘汰出局 / 220
- 05 不要问公司给了你什么，要问你为公司做了些什么 / 224
- 06 积极地从正面思考问题 / 228

第七章
每个人都是不平凡的

233
- 01 有"智"者事竟成 / 234
- 02 绝美的风光在险处 / 239
- 03 自信是成功的基础 / 245
- 04 眼光有多远，成就就有多大 / 250
- 05 你的成功可以预言 / 254
- 06 永不满足，让自己变得卓越 / 257

第一章
永远快人一步

这是一个速度快得让人目不暇接的时代，只有跟得上速度的人，立志走在他人前面的人，才能取得成功。比尔·盖茨说：现在的商业竞争，没有什么秘密可言，谁能在最短的时间内发挥自己的优势，谁就能称王。在职场中，谁领先了一步，谁就在行动中掌握了取胜的主动权。这样，你也会以此为动力，不断发展，成为一名优秀的员工。

01 抢先一步，先下手为强

当今世界竞争激烈，企业要想站稳脚跟，在市场上处于不败之地，最佳的策略就是抢占先机，争得优势。先机常常蕴藏在天时之中，优势也常表现在地利之中。善用天时地利，则企业可顺乎潮流、尽显优势，可与强抗争、以小搏大，可先机在手、屡战屡胜。

俗话说："机不可失，时不再来。"机遇，速可得，坐必失。要想把握机遇，不但要努力学习揭示客观必然规律性的科学知识，着重认识事物发展规律，而且要拥有一种雷厉风行、只争朝夕的精神，"一等二看三通过"，只能坐失良机。

市场竞争是惨烈的，谁抢先一步谁就赢得先机。正所谓"先下手为强"，谁先进入市场谁就抢占了先机，而一旦在一个行业站稳了脚跟，后进入这个行业的人将不得不费更大的力气来抢夺市场，但效果并未见得理想。

20世纪80年代初，一个来自北大荒的知青——李晓华来到了广

第一章
永远快人一步

州,打算进货做点儿小生意。

当时T恤衫、蛤蟆镜、邓丽君的磁带正在流行,但李晓华对这些并不感兴趣。他无意中见到了广州出口商品交易会陈列馆里的一台喷泉果汁制冷机样机,李晓华对此动了心。于是他千辛万苦打通关系,终于把这台样机买了下来,并把它运到了他心目中的生意宝地——旅游胜地北戴河。这样,在北戴河海滨第一次出现了花两毛钱就能喝到一杯美国冷饮的小店。

在那时,这种冷饮机在国内市场上是极为罕见的,新鲜事物总是能吸引人的光顾,一个夏天李晓华就赚了10多万。正当大家都看好这种机器,准备跟风而上的时候,李晓华却把店铺盘出去,转战秦皇岛,利用从北京购回的一台大屏幕投影机,与一个文化馆合作办起了录像厅。这在河北又是第一家,排队购票看录像的人蜂拥而至。

这样,到20世纪80年代中期,当"万元户"还是大陆富人的代名词时,李晓华已经成了百万富翁,为他日后的创业打下了基础。

从李晓华致富的事例中可以看出,他从起步到成功,时间跨度并不长。而他的秘密法宝很简单：抢占先机，先下手为强，一直走在别人的前面。

商机问题，既是机遇问题，又是速度问题。抓时机要快，特别在当今变化如此之快的社会，更要求每个人都必须有机遇观念，速度观念。

日本索尼公司创始人井深大，自公司创立伊始就立志于"引领时代新潮流"。

一次偶然的机会，井深大看到一台美国录音机，他便抢先买下了专利权，并很快生产出日本第一台录音机。

1952年，美国研制成功"晶体管"，井深大得知消息后立即飞往美国，又抢先买下这项专利，回国数周后便生产出日本第一台晶体管收录机，销路很好。当其他厂家也转向生产晶体管收录机时，井深大又成功地生产出世界上第一批"袖珍晶体管收录机"。

就这样，索尼公司总是抢先一步购买专利或申请专利，抢先一步生产出新产品，并以最快的速度推向市场，从而牢牢占据了市场竞争的制高点。

在强手如云、人才济济的商战中，当机会到来时，很可能有许多人同时发现机会，几个竞争对手一同向一个目标进攻。这是力量的角逐、智慧的竞争，更是速度的较量。当今市场竞争空前激烈，究竟鹿死谁手，很大程度上取决于速度。

速度是成功的助推器！有速度才有优势。先发制人往往能取得先机。仔细留意一下那些成功的人，我们就会发现，他们大多都能谋善断、雷厉风行，认准了就果断出击，绝不拖泥带水，从不落人之后。所以，做事一定要想到别人前面，做到别人前面。只有这样，你才能获得成功。

02 想别人所未想，
做别人所未做

人人都想比别人过得更好，比别人早些成功。那就要想别人没有想到的，做别人没有做到的。如果一个人不相信自己能够完成一件别人从未做过的事时，他就永远不会实现它。能够成就事业的，永远是那些信任自己的见解的人，敢于想他人之不敢想、为他人之不敢为的人。他们勇敢而有创造力，并且勇于向规则挑战。

19世纪初，拿破仑发动了一场规模巨大的战争，战火烧遍了整个欧洲，并因此需要大量的黑火药。许多化学家以及火药商开始研究、制造起黑火药来。

黑火药的成分有硫黄、炭灰和硝石。当时硫黄和炭灰很容易找到，但硝石却十分缺乏。贝尔纳·库尔特瓦是法国巴黎的一个硝石制造商和药剂师，他正在研究利用海草灰来制取硝石。法国紧靠大海，海草异常丰富。库尔特瓦把收集到的海草烧成灰后，再把灰泡在水里，用这些泡过水的灰制出一袋袋白色透明的硝石，而剩下的水就白白倒掉了。

　　善于思考问题的库尔特瓦想："从泡着海草灰的水中制出硝石后，剩下的液体里是不是还含有别的东西呢？"并且库尔特瓦发现盛装海草灰溶液的铜制容器很快就遭到腐蚀。他认为是海草灰溶液含有一种不明物质在与铜作用，于是，他在实验室里开始研究起来。

　　一天，库尔特瓦仍专心致志地在实验室里工作，忽听"哐啷"一声，一只调皮的猫把盛着浓硫酸的瓶子碰倒了。浓硫酸正巧倒进盛着浸过海草灰的水瓶子里。两种液体混合后，立即升起一股紫色的蒸气，散发出一种难闻的气味。

第一章
永远快人一步

这使库尔特瓦感到好奇,这紫色的蒸气是什么呀?库尔特瓦拿起一个玻璃罩罩在蒸气上面,更为惊奇的事情出现了:蒸汽凝结后,没有变成水珠,而是变成了像盐粒似的晶体,并且像金属一样闪烁着紫黑色的光彩。

这个意外的发现,引起库尔特瓦更大的兴趣。他立即进行化验、分析,终于发现,这紫色的结晶体是一种新的元素。后来他将其命名为"碘",其希腊文原意就是"紫色"。

黑格尔曾经一针见血地指出:世间最可怜的,就是那些遇事举棋不定、犹豫不决、彷徨歧途、莫知所趋的人,就是那些没有自己的主张、不能抉择、唯人言是听的人。

要想有所成就,就得发现他人未发现的东西,就得做他人未做过的事。成功的商业人士之所以能够发现别人未发现的东西,就是因为他们习惯于细心观察、用心思考。只有这样,才能脱颖而出,做别人想不到、做不到的生意,赚别人赚不到的钱。

第二次世界大战后,不少日本人都很喜欢从美国进口的口香糖。一个叫山本的人觉得口香糖的销路会很好,便决心自己生产口香糖。

他查阅百科全书,了解到:口香糖是橡胶液中加白糖、薄荷而制成的一种具有弹性的食品。当时,橡胶在日本是一种紧缺物资,当局管制分配,很难买到。另外,众所周知,日本是一个资源贫乏的国家,本身不出产橡胶。因此,山本一筹莫展。

要生产出自己的口香糖,必须摆脱橡胶的束缚。于是,山本把注意力集中到口香糖的抽象功能——"有弹性"上。

山本想:"能不能用其他材料替代橡胶呢?"他用松脂和冬

青树胶等易于找到的原料进行试验，但没有成功。这丝毫没有影响到山本的热情，他继续试验其他原料。当时，山本隔壁有一家公司专门生产乙烯合成树脂。一次，山本无意间看到，这种液体酷似橡胶液，颜色发白，而且具有很大黏性。这使他灵感突发：用乙烯合成树脂溶液代替橡胶液，再加入薄荷与砂糖，是否可以生产口香糖呢？山本马上投入试验，并很快获得了成功。这样一来，乙烯合成树脂加上砂糖及薄荷制成的口香糖问世了。山本将这种口香糖取名为"哈里斯"口香糖，并以此名成立了哈里斯口香糖公司。

由于这种口香糖所用原料不同，晶莹洁白，十分精美，比过去用橡胶做成的灰色的口香糖品质优良，很受人们喜欢。每块仅7日元的批发价更是吸引了大量的购买者。所以，山本的新型口香糖一经上市，销路奇好。有的中间商转手将每块口香糖的零售价涨至27日元，依然十分抢手。如此看好的市场需求使山本公司的业务骤增，作为老板的山本也在短短几年内赚足了利润。

有胆略、有创造精神的人，从不互相抄袭，他们往往是先例的破坏者。要知道，成功是创造的，是自我的表现，即使你抄袭的是成功的人，你也只是模仿，没有得其精髓。所以，要想创业，就应该独辟蹊径，以奇制胜，用自己独到的眼光去想别人所未想，做别人所未做的事情。

第一章 永远快人一步

03 变"要我做"为"我要做"

《圣经》中有这样一则故事：

从前，有一个严厉的主人要到外国去，临行前他将仆人们叫到跟前，按各人的才干给了他们一笔银子，一个给了5000塔拉（古犹太银币单位），一个给了2000塔拉，一个给了1000塔拉，随后他便出国去了。

那个领5000塔拉的仆人，把这笔钱拿去做买卖，另外赚了5000塔拉；那个领2000塔拉的仆人也照样赚了2000塔拉；但那个领了1000塔拉的仆人却挖了个洞，把钱藏了起来。

过了许久，主人回来了，那个领5000塔拉的仆人带着赚来的5000塔拉，说："主人，您交给我5000塔拉，请看，我又赚了5000塔拉。"主人很高兴，让他一同坐下享乐。

那个拿2000塔拉的仆人也同样献上赚来的钱，获得了主人的嘉许。

最后那个仆人上前说:"主人啊,我知道您是很严厉的人,我就害怕把钱弄丢,于是把您交给我的1000塔拉埋藏起来。请看,您原来的银子还在这里,分毫不少。"

主人道:"你这又笨又懒的仆人,既然知道我是严厉的人,至少应当把我的银币放到银行里,等到我回来时,可以连本带利收回来,怎可将银币埋藏起来?"

主人大怒之余,吩咐左右夺过他手中的1000塔拉,交给那个有1万塔拉的仆人,同时道:"凡有的,还要加给他,叫他有余;没有的,连他所有的也要夺过来。"

每个进入职场的人,都希望有更多更好的发展机会,都希望得到老板的青睐,然而并不是每个人都那么幸运,要想抓住机会,要想成为一名优秀的员工,你必须主动去争取。

优秀员工就是那"有余"的人。从表面上看,他们拥有"有余"的智慧、能力和机遇。但实际上,他们之所以拥有这种"有余",是因为他们能在没有"主人"命令的前提下,主动发挥自身的优势，利用自己的聪明才智，把5000塔拉变成1万塔拉，从而慢慢拉开了与平庸者的距离。这也是优秀员工之所以优秀、之所以取得较高的业绩的最根本原因。

所以，永远不要把"要我做"当做工作的前提，而要把"我要做"作为工作的标准，并乐意为其效劳。鉴于此，工作中，要时刻发扬主动率先的精神，变"要我做"为"我要做"。无论多么枯燥乏味的工作，"我要做"的主动精神都会让你取得非凡的业绩。

如果你永远只等着老板去给你安排任务，告诉你如何去做，那么你就永远处在"不推不走、不打不动"的状态，相信无论哪个老板都不会喜欢这样的员工。

但"积极主动"不是某些人所理解的凡事爱出风头或无视他人的反应。积极主动的人反应更敏锐，更为理智，更能结合实际地了解问题的关键所在。因为只有抓住了问题的关键所在，并积极主动，才能取得理想的效果。

优秀员工的"积极主动"，表现在工作的点滴之中。也正因为如此，他们的工作能力才日强一日，工作业绩才得以日益提高。总的来说，积极主动落实到实际行动上，主要体现在以下几个方面：

1.主动熟悉公司的一切。

这是做好工作的前提和基础。它主要包括公司的目标、使命、组织结构、销售方式、经营方针、工作作风……主动使自己像老板一样了解所在的公司，可让你在今后的工作过程中采取的行动更准确，效果更出色。

2.工作时不要闲下来。

工作中不要让自己闲下来，主动找事情做，你才能更加完善自己，不断提高自己的工作能力。优秀的员工每当完成一项工作时，会经常翻看一下工作日记，不断地问自己是否所有的目标都已达到？有什么项目需要加上去？还需要向别人学习什么？如何更快地让自己的工作能力得到扩大和充实？总之，在任何闲暇的时候主动处之，你就能争取到更多的机会，不断提高自己的经验和能力。

3.主动做分外的事。

许多管理者认为，一个优秀的员工所表现出来的主动性，不仅仅是能坚持自己的想法或项目，主动完成它，还应该主动承担自己工作以外的责任。对于一名员工而言，仅仅是全心全意、尽职尽责做好分内工作是不够的，以超越别人的期待，由此吸引更多他人关注的目光，给自我的提升创造更多的机会。

作为一名员工，你可能认为自己没有义务去做自己分外的事。但假如你一直严格固守自己的职责边界，而不愿越过边界一次，那么你的职业发展也许只能停留在目前的职位上，不会有更大的发展。一个优秀的员工除了做好本职的工作以外，还要主动地去承担一些老板没有交代但仍需去做的事情。

4.主动提建议。

也许你的老板或同事对某件事务的处理方式并不恰当或并不是最佳的，而他本人并未察觉或不知如何改进。这时，如果你有好的建议，就应该主动地提出来。主动提出合理化的建议，不但可以在老板或同事的心中留下好的印象，更有利于你与同事的合作，提高工作效率，进而推动整个企业公司的提高。要做到这一点，你必须主动了解和学习公司业务运作的经济原理，为什么公司业务会这样运作？公司的业务模式是什么？如何才能赢利？……主动关注整个市场动态，分析竞争对手的薄弱环节，可以避免思维的固化，从而提高你的工作能力。

微软公司创始人之一比尔·盖茨曾说："一名优秀的员工，应该是一个积极主动去做事、积极主动去提高自身技能的人，他会自动自发并且高效地投入到每一项工作任务中去。"

先一步付出，才能先一步到位。要想成为一名优秀的员工，就必须具有积极主动的品质，这种积极主动不能仅仅局限于一时一事，你必须把它变成一种思维方式和行为习惯。唯有如此，你才可能走在别人的前面，才能获得机会的眷顾，并最终成就卓越。

04 自动自发，
　　不为问题找借口

在公司的众多员工中，有些人走向了成功，有些人却仍旧默默无闻。为什么那些人会走向成功呢？答案只有一个，那就是：拒绝借口，自动自发地工作。

然而，事实是，很多年轻人，工作时完全处于被动的地位，他们每天在茫然中上班、下班，到了固定的日子领回自己的薪水，高兴一番或者抱怨一番之后，仍然茫然地去上班、下班……他们从不关心自己的工作，今天的工作不论好坏可以对付过去了；明天老板让干什么，他们就去干什么，没有必要为自己制定一个月计划或半年的工作计划；公司有什么难题，自己不必去操那份心，干一天算一天；不是自己的事就高高挂起……这样的员工只是被动地应付工作，为了工作而工作，他们不可能在工作中投入自己全部的热情和智慧。他们只是在机械地完成任务，而不是去创造性地、自动自发地工作。

第一章
永远快人一步

成功取决于积极的态度,成功也是一个长期努力积累的过程,没有谁是一夜成名的。所谓的主动,指的是随时准备把握机会,展现超乎他人要求的工作表现,以及拥有"为了完成任务,必要时不惜打破常规"的智慧和判断力。工作包含了一个人的诸多智慧、热情、信仰、想象力和创造力。

来自纽约州的塞尔玛的丈夫奉命到沙漠腹地参加军事学习。年轻的塞尔玛孤零零的一个人留守在一间集装箱一样的铁皮小屋里,这里是沙漠边缘,炎热难耐,周围只有墨西哥人与印第安人,他们不懂英语,无法与之进行交流。塞尔玛寂寞无助,烦躁不安,于是写信给她的父母,想离开这鬼地方。父亲的回信只写了一行字:

"两个人同时从牢房的铁窗口望出去,一个人看到泥土,一个人看到了繁星。"她开始没有读懂其中的含义,反复读了几遍后,读懂了这句话的深刻含义,她感到无比惭愧,决定留下来在沙漠中寻找自己的"繁星"。她一改往日的消沉,积极地面对人生。她与当地人广交朋友,学习他们的语言。她付出了热情,人们也以热情回报给她。她非常喜爱当地的陶器与纺织品,于是人们便将舍不得卖给游客的陶器、纺织品送给她作礼物,她很受感动。她的求知欲望与日俱增。她十分投入地研究了让人痴迷的仙人掌和许多沙漠植物的生长情况,还掌握了有关土拨鼠的生活习性,观赏沙漠的日出日落,并饶有兴致地寻找海螺、贝壳……沙漠没有变,当地的居民没有变,只是她的人生视角变了。拒绝借口、自动自发使她变成了另外一个人。原先的痛苦与沉寂没有了,代之以积极的冒险与进取。她为自己的新发现而激动不已,于是她拿起了笔,一本名为《快乐的城堡》的书在两年后出版了。她最终经过自己的努力看到了"繁星"。

人有时可能无法改变自己所处的环境,但却可以改变对待环境的态度。适者生存,不能让环境适应你,你应该学会适应环境,积极面对工作。拒绝借口,自动自发地去工作,唯有这样,才能看到生命中的"繁星"。

卓有成效和积极主动的人,他们总是在工作中付出双倍甚至更多的智慧、热情、信仰、想象力和创造力,而失败者和消极被动的人,他们有的只是逃避、指责和抱怨。当他们的工作依然被无意识所支配的时候,很难说他们对工作的热情、智慧、信仰、创造力被最大限度地激发出来了,也很难说他们的工作是卓有成效的,他们只不过是在"混日子"。如果想登上成功之梯的最高阶,你得永远保持主动率先的精神,纵使面对的是缺乏挑战或毫无乐趣的工作,唯有如此,最终才能获得回报。自动自发地工作吧!这样一种工作习惯可以使你成为领导者和老板。那些获得成功的人,正是由于他们用行动证明了自己敢于承担责任而让人倍感信赖。

自动自发地去工作,而且愿意为自己所做的一切承担责任,这就是那些成大事者和平庸之辈的最大区别。要想获得成功,你就必须敢于对自己的行为负责,没有人会给你成功的动力,同样也没有人可以阻挠你实现成功的愿望。

任何一个在公司里工作的职员都应该相信这一点:你可以使自己的生活好起来。从现在就开始行动吧!不再犹豫,就从今天开始,就从现在的工作开始,而不必等到遥远的未来的某一天你找到理想的工作再去行动。

05 主动执行，不要等人交代

主动做事、勇于负责是一个人事业成功的关键。每个人都有各种各样的机会，只要你以主动、勇于负责的态度对待它，必定会取得成功。

钱旭是一家大型企业分公司的文秘人员，平时他的工作比较轻松，因此他经常主动帮助其他同事做事。大家都知道他比较热心，有时事情忙不过来就会请求他帮忙。

钱旭主动帮忙的行为经常得到大家的赞赏，但有些好心的同事暗示他：又不能多拿钱，何必这么卖命。但钱旭总是笑着说："大家都是同事，互相帮忙是应该的，再说我只是在工作时间内多做一点分外的事，并没有什么吃亏的地方。"

一天，钱旭如往常一样完成了自己的手头工作后，跑到库房帮工人卸货。这时，一辆货车上下来一位中年男人，他一只手拎着一个大公文包和一捆资料，另一只手不断地擦汗。钱旭见了赶忙过去想接过中年男人手中的公文包和那捆挺重的资料，那位中年男人连忙说不用。但钱旭坚持再三，最终还是帮中年男人把公文包和资料拎到了他要去的办公室。

一个星期后，公司总部突然来了一纸调令，升任钱旭为总裁助理。钱旭有些目瞪口呆，不明白自己怎么突然会有这样的好事。后来经过询问才知道，那天自己帮忙拎包的那位中年男人就是公司总裁，他是下来视察各分公司运作情况的，并且凑巧搭了一次货车。钱旭的热心给他留下了深刻的印象，后来逐步了解了钱旭在公司的所作所为后，他更是大加赞赏，于是就把钱旭调了过去。

钱旭之所以能得到这个机会，是靠他主动工作的精神。如果他没有一如既往不计报酬、自动自发地工作，恐怕只凭一次给总裁拎包的机会，也是不可能得到总裁赏识的。

在工作中主动执行、勇于承担责任、表现出自动自发精神的人，必定会受到公司与老板的重视与重用。在工作或者商业的本质内容发生迅速变化的今天，被动地等待老板交代的人将越来越力不从心。我们必须积极主动、自觉地去完成任务。

员工比任何人都清楚应该如何改进自己的工作，再也没有人比他们更了解自身工作中的问题。只有员工积极主动地工作，才会提高自己的能力和素质，使自己变得更加优秀。

一个有创业勇气和才干的人，最好的谋生之路就是总结经验，提高自己的能力，独创大业。资金和背景并非是最重要的，只要有摆脱依赖、努力进取的决心，就一定会闯出一条成功之路来。而什么事情都要依赖别人的人，最终也不能成就功业。

一个残废的年轻人，以50美元卖血钱求学起步，一直到成为报纸之王，闯开一片"卖报大王"天下。没有靠谁的青睐、谁的施舍，他凭的是自强不息的毅力和对机遇的独具慧眼。他给年轻朋友们传授的成大事经验之一，就是不能把人生设计成打工一族。打工只是初闯天下的权宜之计，特别是像他这样的残疾人，自己能干多大事业就开辟多大一份天地。

依赖别人使一个人失去精神生活的独立自主性。依赖的人不能独立思考，缺乏创业的勇气，容易陷入犹疑不决的困境，因为他一直需要别人的鼓励和支持，借助别人的扶助和判断。

一个积极主动的人从来不会"守株待兔"地等待事情的到来，而是会主动出击，哪里需要他们，他们就会及时出现在哪里。他们无论被放到哪里，总会随时准备把握机会，展现出超乎寻常的能力。

等着别人交代完才去做事，会使你活得很被动。真正的事业有成的人，是积极主动的人。会用头脑做事，做需要做的事，这会使你立于不败之地；而被动地只做别人告诉你的事情，可替代性很强，永远都处于被动地位。

只有高中学历的乔娜是某公司的普通职员。工作5年以来，她始终保持着上班全勤的良好记录。而且，她还自动放弃周六休假，主动来公司加班，却从未填报加班费。她为人谦和、乐于助人，因此年年被评为优秀员工。

她似乎比老板还要珍惜和爱护公司。为了给公司节省成本，清理垃圾时她坚持实施垃圾分类，她会将一些背面空白的废纸裁成小张分给同事做便条纸，其他废纸只要是可以回收的，就一一摊平后与废纸箱一并捆绑卖给收废纸的，得到的钱全部上缴公司财务。

两年后，普通的她靠着把自己当作企业"主人"的责任感，在那些高学历的同事的羡慕中被老板破格提升为总务主任，进入公司中层管理者的行列。

机会是留给有准备的人的。唯有那些能够在平淡无奇的工作中善于主动出击、善于创造机会和把握机会的人，才有可能从最平淡无奇的工作中找到机会，抓住机会，有效地利用机会。

积极主动，能驱使一个人在不被吩咐应该去做什么事之前，去做应该做的事。只有这样你才能受到他人的认可和重视。

06 主动找方法能
让你脱颖而出

我们经常听到一句话："天才出于勤奋。"不错，天才出自勤奋，但并不等同于勤奋。勤奋只是一个优秀员工的基本功。要真正做好，还得掌握方法——做得多不如做得好。

把事情做好、做到位的前提是改进自己的工作方法，很多人之所以没有取得卓越的工作业绩，没能成为老板心中最优秀的员工，不是因为工作能力不足，而是工作方法不对。陈旧的工作方法使他们遗漏了工作中看似平凡实则至关重要的环节。只有不断地寻找合适的工作方法，抓住这些关键环节，才能把工作完成得尽善尽美。

美籍华人诺贝尔物理学奖获得者李政道，一次偶然听一位同事的演讲，知道非线性方程有一种叫孤子的解。他找来了所有关于孤子的资料，仔细分析了一个星期，专门挑别人有哪些弱点。结果他发现，所有的文献都是研究一维空间的孤子的。而在物理学中，有广泛意义的是三维空间。于是，他便围绕这一点进行攻关。仅仅几个月，就找到了一种新的孤子理论，用来处理三维空间的亚原子问题，因此获得了许多成果。

事后，他高兴地说："在这个领域里，我从一无所知，一下子赶到别人前面去了。"并由此得出结论："你想在科学研究过程中赶上、超过别人吗？你一定要摸清楚在别人的工作里，哪些是他们不懂的。看准了这一点，钻下去，一定会有突破，并能超过人家。"

在任何单位、任何机构，能够主动找方法解决问题的人，最容易脱颖而出。

方法能为人解除不便，能够让他人有更大的发展，更能给单位创造最直接的效益。哪个老板能不格外重视想方法帮公司解决问题的人呢？

而寻找到工作方法并不难，它埋藏在工作的方方面面。比如，在你准备做一件事时，应提前向老板作一下汇报，在做的过程中为了不让老板忘掉，可以定期地向老板汇报工作的进展情况，这样，老板会认为你是一个很有责任感的人。

当你的工作已经取得了初步的成绩，即将进入一个新的工作阶段时，主动向老板汇报自己前一阶段的工作和下一步工作的打算是十分必要的。这可以使老板了解你的工作成绩和将来的发展，并给予必要的指导和帮助。

聪明的下属善于主动向老板汇报和请示，征求老板的意见和看法，把老板的意见融入工作中去，以便更快更好地完成工作。

实际上，经常主动向老板汇报，接触多了，还可以让老板知道你的长处和优点。这对你的个人发展显然是很有好处的。

主动找方法的人，总是企业的稀有资源。不论在何时何地，只要有这样的人出现,他们就能够像明星一样闪耀。哪怕他没有刻意去追求机会,机会也会主动找上门来。假如你通过找方法做了一件乃至几件让人佩服的事,就能很快脱颖而出并获取更多的发展机会。

在工作中,我们常常会向上司请教一些问题,有些是我们难以解决的工作难题,有些是我们不敢自作主张的"大事",但不管是哪类问题,都不要在没有经过认真思考之前就匆忙呈上去。

因为当你向上司请示"这件事该如何处理"时,上司可能会反问你:"你觉得怎样解决才是最好的呢?"如果事先没有任何准备,你可能会不知所措,无法回答,或者支支吾吾、毫无逻辑。这样做就等于告诉上司,你没有进行思考和判断,缺乏独立工作的能力。对于一个职场中的人来说,这种不负责任的态度是非常不可取的。

所以,在向上司请教之前,自己在头脑中要好好思考一番,得出自己的见解,然后再去向上司请示,这样对待上司的反问也会应答如流,不致措手不及,而且对你在上司心目中的良好形象也会起到积极作用。在思考解决办法时,针对问题要想办法搜集有关工作的正确情报,然后整理、分析,以保证你的回答有很高的利用价值,能够得到上司的认可。

不要害怕上司驳回你的看法。要耐心地倾听上司的分析和结论,找出自己思考方法和深度方面的不足。如果经常与老板进行这样深层次的沟通,有利于你从公司的大局出发,了解上司的思考倾向,久而久之自然能了解上司的想法,下次再遇到类似的问题时,就会考虑得更周到了。这是磨炼自我,取得进步的好机会。

如果每次上司向你询问问题的解决方案时,都能看到你充满自信的面容；听到你见解独到的回答，相信你的发展前景一定会很乐观。

曾有人对员工做过这样一个总结：一流员工既敬业又找方法。他们拥有智慧并乐于奉献智慧，这份智慧必然会给企业创造财富。二流员工敬业而无创新精神。他们能够也只能奉献汗水，这种员工企业需要，但他们自身不会有太大的发展。三流员工找借口。他们什么也奉献不了，所以最终的结局只能是离开。

假如你想获得更好的发展，毫无疑问，你就应该力争做第一种员工。

07 拥抱"及时"，远离"差不多"

努力积极地工作，在公司里要及时地把工作处理完，在及时处理的过程中，有的员工片面地追求速度，忘记了要在"快"字的前面加一个"仔细"，远离"差不多"。每一个公司都有自己的企业文化，在面对繁杂的工作的时候，要把仔细的办事方针和快速的处理方法结合在一起。只有这样，你才能成为公司一名优秀的员工。

每个企业都可能存在这样的员工：他们每天按时打卡，准时出现在办公室，但是却没有及时完成工作；每天早出晚归、忙忙碌碌，却不愿精益求精。对他们来说，工作只是一种"差不多"。

现代杂文的创作者之一胡适先生就曾写了一篇传记题材的寓言《差不多先生传》，以讽刺中国社会那些处世不认真的人。文章这样写道：

你知道中国最有名的人是谁？提起此人，人人皆晓，处处闻名。他姓差，名不多，是各省各县各村人氏。你一定见过他，一定

第一章
永远快人一步

听别人谈起他。差不多先生的名字天天挂在大家的口头上,因为他是中国一部分人的代表。

差不多先生的相貌和你和我都差不多。他有一双眼睛,但看得不很清楚;有两只耳朵,但听得不很分明;有鼻子和嘴,但他对于气味和口味都不很讲究;他的脑子也不小,但他的记性却不很精明,他的思想也不很细密。

他常常说:"凡事只要差不多就好了,何必太精呢?"

他小的时候,他妈叫他去买红糖,他却买了白糖回来。他妈骂他,他摇摇头道:"红糖白糖不是差不多吗?"

他在学堂的时候,先生问他:"直隶省的西边是哪一省?"

他说是陕西。先生说："错了，是山西，不是陕西。"他说："陕西同山西不是差不多吗？"

后来他在一个钱铺里做伙计。他也会写，也会算，只是总不精细，十字常常写成千字，千字常常写成十字。掌柜的生气了，常常骂他，他只是笑嘻嘻地赔小心道："千字比十字只多一小撇，不是差不多吗？"

有一天，他为了一件要紧的事，要搭火车到上海去。他从从容容地走到火车站，结果迟了两分钟，火车已开走了。他白瞪着眼，望着远远的火车上的煤烟，摇摇头道："只好明天再走了，今天走同明天走，也还差不多。可是火车公司未免太认真了。8点50分开，同8点52分开，不是差不多吗？"

他一面说，一面慢慢地走回家，心里总不很明白为什么火车不肯等他两分钟。

有一天，他忽然得一急病，赶快叫家人去请东街的汪大夫。家人急急忙忙地跑去，一时寻不着东街汪大夫，却把西街的牛医王大夫请来了。差不多先生病在床上，知道寻错了人。但病急了，身上痛苦，心里焦急，等不得了，心里想道："好在王大夫同汪大夫也差不多，让他试试看吧。"于是这位牛医王大夫走近床前，用医牛的法子给差不多先生治病。不上一点钟，差不多先生就一命呜呼了。

差不多先生差不多要死的时候，一口气断断续续地说道："活人同死人也差……差……差……不多……凡事只要……差……差……不多……就……好了……何……何……必……太……太认真呢？"他说完这句格言，方才绝气。

他死后，大家都很称赞差不多先生样样事情看得破，想得通。

第一章
永远快人一步

大家都说他一生不肯认真，不肯算账，不肯计较，真是一位有德行的人，于是大家给他取个死后的法号，叫他做圆通大师。

后来，他的名誉越传越远，越久越大。无数人都学他的榜样。于是人人都成了一个差不多先生——然而中国从此就成为一个懒人国了。

而在当今的职场中，也存在许多"差不多先生"。"差不多"就行了，是员工缺乏责任心的一种表现，它实际上是工作中的失职。许多人之所以失败，往往就是因为他们做事只做到"差不多"为止。可是，表面上看起来"差不多"的工作，实际上差多了。

密斯·凡·德罗是20世纪世界四位最伟大的建筑师之一，在被要求用一句最概括的话来描述他成功的原因时，他只说了五个字："魔鬼在细节"。他反复强调，不管你的建筑设计方案如何恢弘大气，如果对细节的把握不到位，就不能称之为一件好作品。细节的准确、生动可以成就一件伟大的作品，细节的疏忽会毁坏一个宏伟的规划。

某广告公司的员工曾犯过这样一个错误：在为客户制作宣传广告时，将客户的联系电话中的一个数字弄错了。当他们将宣传单交给客户时，由于时间紧，客户没有详细审核就接收了，第二天便用在了产品新闻发布会上。新闻发布会结束后，在整理剩下的宣传单时，客户才发现关键的联系电话有误，而此时此刻，存在错误的宣传单已发放了5000多份。

由于错在广告公司，并且客户召开新闻发布会花费巨大，一怒之下，客户向广告公司要求巨额赔偿。大错已经铸成，万般无奈之下，广告公司只能按照客户要求进行赔偿。但事情并没有就此结束，弄错电话号码的事件传开后，广告公司在客户中失去了信誉，再也没有人敢把自己的业务交给他们做。这家广告公司渐渐没有生意可做了。

一次小小的失误，就把一家本来极有前途的广告公司打垮了。假如广告公司的员工在工作中能仔细一点，那么，这样的现象是完全可以避免的。

很多员工经常抱怨公司，却从来都没有反省过自己的工作态度，他们每天都是应付性地工作，而且还发出这样的言论："何必那么认真呢？""差不多就可以了"，等等。

还有一些员工说，"快"与"仔细"不可兼得，正如"鱼与熊掌不可兼得"。此言差矣，做到这两者结合的员工大有人在。现代社会需要这种复合型的人才，作为员工，应该兼任两者，做新时代的优秀员工。

把"及时"放在身边，远离"差不多"，做到有失去，有收获。只有这样，你才会实现自己在公司的梦想。

08 把不可能
　　变成可能

生活中，当你听到有人说某件事情"不可能"时，应该想到，或许这种思想是常规概念下的结论。如果你认为这件事值得一做，那么就不妨试试，完成几项别人认为"不可能"的事，你就会发现自己在不知不觉中已经迈进了成功者的行列。

对于能否完成某件事，虽然缺乏经验，但是能肯定地说"一定能做到"，这被称作"可能"思考，它并不是依据过去的经验或自身的条件来决定，而是由你自己的大脑所决定的，需要你动用大脑积极地思考。

有一家效益相当好的大公司，为扩大经营规模，决定高薪招聘一名营销主管。广告一打出来，报名者云集。

面对众多应聘者，招聘工作的负责人说："相马不如赛马，为了能选拔出高素质的人才，我们出一道实践性的试题：就是想办法把木梳尽量多地卖给和尚。"

绝大多数应聘者感到困惑不解,甚至愤怒:出家人要木梳何用?这不明摆着拿人开涮吗?于是纷纷拂袖而去,最后只剩下三个应聘者:甲、乙和丙。

负责人交代:"以10日为限,届时向我汇报销售成果。"

10日后。

负责人问甲:"卖出多少把?"答:"1把。""怎么卖的?"甲讲述了历尽的辛苦,游说和尚应当买把梳子,没有收到效果,还惨遭和尚的责骂。好在下山途中遇到一个小和尚一边晒太阳,一边使劲挠着头皮。甲灵机一动,递上木梳,小和尚用后满心欢喜,于是买下一把。

负责人问乙:"卖出多少把?"答:"10把。"

"怎么卖的?"

乙说他去了一座名山古寺,由于山高风大,进香者的头发都被吹乱了,他找到寺院的住持说:"蓬头垢面是对佛的不敬。应在每座庙的香案前放把木梳,供善男信女梳理鬓发。"

住持采纳了他的建议。那山有十座庙，于是买下了10把木梳。

负责人问丙："卖出多少把？"

答："1000把。"

负责人惊讶地问："怎么卖的？"

丙说他到一个颇具盛名、香火极旺的深山宝刹，朝圣者、施主络绎不绝。丙对住持说："凡来进香参观者，多怀有一颗虔诚之心，宝刹应有所回赠，以作纪念，保佑其平安吉祥，鼓励其多做善事。我有一批木梳，您的书法超群，可刻上'积善梳'三个字，便可做赠品。"住持大喜，立即买下1000把木梳。得到"积善梳"的施主与香客也很是高兴，一传十、十传百，朝圣者更多，香火更旺。

毫无疑问，最后丙得到了那个职位。

对有些人来说，"不可能"这三个字，就是一座不可逾越的高山，在它面前会止住前进的脚步。而对于有些人来说，"不可能"却是一条通往成功彼岸的大船。只要积极思考，就没有不可能的事情！

永远不要消极地认为什么事情是不可能的，首先你要认为你能，再去尝试，最后你就会发现你确实能。

改造命运、不为群体意识所牵绊、不被"不可能"等类似词汇难倒，常常是很少一部分人的思想和行为。一件件曾被认为"不可能"的事在他们手中变为"可能"。他们天生就是成功者。

你愿意过"大部分人"那"正常"的生活呢，还是想拥有"绝少数人"那"不正常"的成功生命？假如选择后者，那就运用自己的大脑积极思考吧。过去人们认为只有鸟儿才能在天空翱翔，但发明家莱特兄弟用自己丰富的想象力把没有翅膀的人类送上了天空。

所以，不要让"不可能"成为你不做事的理由或借口，用光辉灿烂的"可能"来代替它，你就能将"不可能"变为"可能"。

成功人士曾做过以下的经验总结：

（1）坚持在心理上进行积极的自我暗示；
（2）不逃避困难，鼓起勇气去克服它；
（3）不断地希望和追求更美好、更尊贵、更崇高的事物；
（4）找出遭到挫折和失败的原因，从中汲取经验，坚持下去；
（5）面对世界，笑口常开。

09 以最快的速度搜集信息

商场上机会均等,在相同的条件下,谁能抢占先机,谁就能稳操胜券。而抢占先机最有效的途径就是获取并破译有关信息。

在这方面,罗斯柴尔德家族为我们提供了一个最好的实例。罗斯柴尔德家族遍布西欧各国,这种分布既使这个家族较易于获得信息,也使各种信息具有了特别重大的价值:在一地已经过时了的信息,在另一方可能仍具有巨大的价值。为此,罗斯柴尔德家族特地组织了一个专为其家族服务的信息快速传递网——在交通和通讯尚未快捷的时代,这个快速传递网发挥的作用绝不容忽视。

19世纪初,拿破仑和欧洲联军正艰苦作战,战局变化不定、扑朔迷离,谁胜谁负,一时很难判断。后来,联军统帅英国惠灵顿将军在比利时发起了新的攻势,一开始打得十分糟糕,为此,欧洲证券市场上的英国股票疲软得很。

伦敦的纳坦·罗斯柴尔德为了了解战局的走向,专程渡过英吉利海峡，来到法国打探战况。当战事终于发生逆转，法军已成败势之时，纳坦·罗斯柴尔德就在滑铁卢战地上。纳坦获悉确切消息后，立即动身，赶在政府急件传递员之前几个小时，回到伦敦。罗斯柴尔德家族靠信息之便而占了先手，他们动用了大笔资金，乘英国股票尚未上涨之际，大批吃进。短短几小时后，随着政府信息的公布，股价直线上升，转眼之间，罗斯柴尔德发了一笔大财。

这则轶事属于金融界的传说，但它说明了这样一个道理：谁能够快速地掌握信息，并及时地做出反应，谁就能够在竞争中争取到主动权。

信息来源的渠道是多方面的，很少一部分来自独家情报；更多的信息是来自公众的，但这需要进行专门的收纳、整理、分析，并且需要超常的破译思维。下面这个犹太大商人就是依靠对别人"不起作用"的信息而出奇制胜。

美国著名的犹太实业家，同时又被誉为政治家和哲人的伯纳德·巴鲁克在30出头的时候就成为了百万富翁。他在1916年时被威尔逊总统任命为"国防委员会"顾问，还有"原材料、矿物和金属管理委员会"主席，以后又担任"军火工业委员会主席"。1946年，巴鲁克担任了美国驻联合国原子能委员会的代表，并提出过一个著名的"巴鲁克计划"，即建立一个国际权威机构，以控制原子能的使用和检查所有的原子能设施。无论生前死后，巴鲁克都受到普遍尊重。

创业伊始，巴鲁克也是颇为不易的。但就是因为他具有犹太人所具有的那种对信息的敏感，使他一夜之间发了大财。

1898年7月的一天晚上，28岁的巴鲁克正和父母一起待在家里。

第一章
永远快人一步

忽然,广播里传来消息,西班牙舰队在圣地亚哥被美国海军消灭。这意味着美西战争即将结束。

这天正好是星期天,第二天是星期一。按照常例,美国的证券交易所在星期一都是关门的,但伦敦的交易所则照常营业。巴鲁克立刻意识到,如果他能在黎明前赶到自己的办公室,那么就能发一笔大财。

在这个小汽车尚未问世的年代,火车在夜间又停止运行。在这种似乎束手无策的情况下,巴鲁克却想出了一个绝妙的主意:他赶到火车站,租了一列专车。巴鲁克终于在黎明前赶到了自己的办公室,在其他投资者尚未"醒"来之前,他就做成了几笔大交易。他成功了!

巴鲁克在获得信息的时间上,并不占先机,但在如何从这一新闻中解析出自己有用的信息,据此做出决策,并采取相应的行动上,巴鲁克确确实实地占据了先机,巴鲁克在不无得意地回忆自己多次使用类似手法都大获成功时,将这种金融技巧的创制权归之于罗斯柴尔德家族,但显然,在对信息的"理性算计"中,他是青出于蓝而胜于蓝的。

这个故事启示我们,无论是工作还是生活,信息都具有重要的作用。善于搜集和把握信息,你才能更好地创造未来。

然而,有很多人却把信息看得无关紧要。他们把信息仅仅看做是一些文字,或者是一个画面,而看不出它所蕴藏的价值,更想不到如果加以运用,这些信息将会改变他们的生活。

生存在这个迅速变化的信息时代,一个人能否取得成功,往往取决于他是否具有搜集信息的能力。因为现在的工作,很多都是需要信息来辅助的，没有信息就很难完成工作。比如，在订立计划的时候，你需要收集和分析市场现实状况，市场趋势分析，公司内部需求等多种信息，才能够了解全盘情况，做出深入地探讨。

所以，想想怎么搜集信息，需要哪些信息，比思考赚钱更重要。赚钱是以信息作为依托的，不收集和分析信息，只一味地做着赚钱的白日梦，到头来赚钱只能是一个梦想。只有搜集有用的信息，才能打开财富之门。

在现代社会，各个行业、各个公司之间的竞争日益加剧，公司内部员工之间的竞争也是越来越激烈。及时、准确地掌握所需要的信息，对获得竞争的胜利十分重要。

杰米和詹姆士同在一家公司上班。刚开始他们都是普通职员，拿同样的薪水，可后来，杰米却被提升到了部门主管的位置，薪水当然也比詹姆士多出许多。詹姆士不服，工作上处处和杰米作对，他以为是部门经理在背后搞鬼，就告到了老板那里，说："我比杰米早进公司半年，为什么他又是晋升又是加薪，而我却没有？"

老板什么也没说，马上安排他俩去图书市场作一个调查，看眼下的汽车杂志上市了多少种。

等调查报告一交，詹姆士就规矩多了。杰米不明白什么原因，就问老板怎么回事。老板笑着说："你俩都是按我说的去市场考察了一中午，可我又让詹姆士重新考察了三次。第一次，他向我报告目前上市的汽车杂志有62种；我问他价格怎样，于是他又去了一次；问好了价格，我又问他是哪些杂志社出版的，有多少页码、采用什么纸张，他又去了一次。而你，去了一次就把这些全搞清楚了。不但如此，你还总结调查结果，哪类杂志已趋于饱和，利润甚微，不宜再发展，哪类杂志更受顾客喜爱等。并且你还绘制了图表进行说明。当我把你的报告交给詹姆士看的时候，他就不再有不满的情绪了，并且脸红了好一阵。"

杰米的成功就在于他善于搜集所需要的信息，从而使他在竞争中占据了绝对的优势。

那如何去搜集信息呢？

1.对任何事都抱有好奇心。

不要对任何事都漠不关心，应该给予必要的关注，否则会忽略许多有用的信息。当然，你也不能把所有信息都搜集起来，在众多的信息中，你要学着把对自己有用的信息识别并收集起来。这是一个相当重要的步骤，这不但需要你培养自己对事物的敏感度，而且还要提高自己的分析和选择的能力。

2.主动及时地搜集信息。

要养成主动搜集信息的习惯，也就是培养对信息的敏锐观察力，只要有信息出现，就要搜集起来。当然，你更要注意信息的时效性，因为很多时候旧信息往往失去了利用的价值，而新信息往往蕴藏着通往成功的机遇。

你可以从各种媒体上收集，比如报刊、广播、电视、网络等，也可以做市场调查，还可以主动向别人探询信息，当然，问的时候一定要态度和蔼，一定要尊敬对方，这样你才有可能得到想要的信息。

3.有针对性地搜集信息。

你在不同的发展阶段，所需信息的层次和内容也会不同。根据你的要求，处理不同事情的时候，有针对性地搜集信息，往往能带

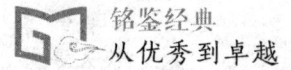

来事半功倍的效果。

4.建立自己的信息网络。

你必须知道从哪里可以得到哪类信息,以便知道得到的信息找谁证实。

凡是同学、朋友、同事以及他们所认识的人,都可以成为你的信息来源。只要你平时注意多与他们交往,能把这些人融入你的信息网络中,就是一笔可观的无形的信息资产了。

5.让信息自动流向自己。

如果你想让信息自动流向你,你就要注意自己的行为。首先你要经常保持微笑,不要在别人面前表现出不愉快或是厌恶的样子。而且你要谦虚,对别人的意见要诚心地接受,并由衷地感谢。别人说话时,你不要粗鲁地打断,更不能用轻蔑的语气批评对方以示反对。你还要守住口风,不要泄露别人的秘密。这样,大家都会乐意与你交往,诚心诚意地向你提供多样的信息。

6.不要错过"跟风"信息。

注意观察你的周围,观察目前最热门、最成功的行业、企业或产品,你就可能找到有用的信息。注意这一点,有人因"忍者神龟"就赚了上百万美元,还有人在T恤衫、礼品盒上印上小狗"史努比"的图像,就使这些产品销量大增。初入社会,一定要养成搜集有用信息的习惯,这比你只想着怎样赚钱更重要。一条有价值的信息,往往使你抓住成功的机遇,而全面、准确、有用的信息,会辅助你更快更好地获得成功。

第一章
永远快人一步

10 善于捕捉对
　　工作有用的信息

　　一次，戴夫·多索尔森开车去拜访一位潜在客户，中途经过一段高速公路，他看到一间很不起眼的农舍，在农舍的后面有一个铁皮顶的车棚。这本来没什么值得注意的，可是在房子的前面挂着一块招牌，上面写着"节能器"三个字，这三个字引起了他的注意，他决定要去看个究竟。于是，戴夫·多索尔森把车停在了路边，来到了这间农舍的门前。敲了半天门也没有人答应，于是他来到房子后面的车棚里。发现房主正在修理汽车呢。

　　戴夫·多索尔森走上前去与他搭话："嗨，先生，您好。我路过这里看到您的房子前挂着一块'节能器'的招牌，所以我想进来看个究竟。您能给我讲一讲什么是'节能器'吗？"

　　"好的。"房主从汽车底下钻了出来，"'节能器'就是一种充气隔热的装置，它可以安装在墙壁的夹层里和天花板上。"

　　听到这里，戴夫·多索尔森眼前一亮，心里想："这可是一个非常适合做电视广告的产品,而且它的利润一定会很高。"

于是戴夫·多索尔森对房主说:"先生,我想您的'节能器'一定是一项新产品,知道它的人也一定很少吧?"

"是啊。"

"您有没有想过用做广告的方法来扩大它的销路呢?"

"这倒是个好主意。可是,我不知道该怎么办。"

"没关系,先生,我就是电视台的广告代理,我可以帮您。"

"那太好了。"

后来,这位不起眼的房主成了戴夫·多索尔森最大的客户,他在电视台做了很多的广告。

作为一名职场中人,如果能够及时地捕捉到对自己工作有用的信息,将会在自己的工作和事业上开创出一片新的局面。所以,日常生活之中,要善于捕捉各方面的信息。

1. 要善于从别人的谈话中捕捉对自己有用的信息。

我们处在一个信息爆炸的时代,有时候,别人的一句话就包含着对我们工作和事业有莫大帮助的信息。

20世纪50年代,香港有位刘姓商人到美国旅行。有一天,他到克利夫兰市的一家餐馆同两位美国人共进午餐,他们边吃、边谈着生意上的事,其中有一位美国人说了一串关于假发的事。

"假发?"这位刘姓商人眼睛一亮,脱口问道。那位美国人又一次说道:"假发!"说完,拿出了一串长长的黑色假发,表示说,他想购买十几种不同颜色的假发。

本来,像这种餐桌上的交谈,在当时来说,只不过是商场上一次普通的谈话。一句只有几个字的话,按说也没有什么特殊的意义。但是，言者无意，听者有心，这位刘姓商人很快作出判断：假发生意大有可为。

于是，他在美国进行了一番深入的考察，发现戴假发的热潮正在美国兴起。他进一步确认了自己的判断，一回到香港，就开始了多方面的调研工作。他发现，从印度和印尼输入香港的人发（真发）制成各种发型的发笠（假发笠），成本相当低廉，而售价却很高，利润十分可观。因此，他立即做出决定，在香港创办工厂，制造假发出售。

但是，制造假发的专家又找不到，这位刘姓商人为此非常着急。

有一天，有一位朋友来访，闲谈中偶尔提到一个专门为粤剧演员制造假须发的师傅。这位商人便想方设法地找到了这位师傅。

然而，这位高手制造一个假发需要3个月的时间，这样是无法开展生意的。在这位师傅的言谈中，商人知道有人刚发明了一种机器，可以利用它与手工配合，生产假发。就这样，在这位师傅的帮助下，他引进了机器，招来了一批女工，世界上第一个假发工厂诞生了。

当各种颜色的假发大批量生产出来之后，消息便不翼而飞，来自世界各地的订单像雪片般飞来，这位商人的事业一日千里。

2. 认真观察捕捉对工作有用的信息。

为了出色地完成工作，每个人都应该注意搜集对工作有用的信息，并把这些信息转化为有价值的工作成果。

琴纳是一位长期生活在英国乡村的医生，对民间疾苦有着深切地了解。当时，英国的一些地方发生了天花，夺去了许多儿童的生命。琴纳眼看着那些活泼可爱的儿童染上天花，而没有特效药，不治而亡，内心十分痛苦。

有一天，琴纳到了一个奶牛场，发现一位挤奶的女工因为从牛身上传染过牛瘟病，再也没有得过天花。尽管她经常护理一些天花病人，也没有受到传染。通过这次发现，他联想到了一个问题，可能感染过牛瘟病的人，对天花具有免疫力。

想到了这一点后，琴纳隐隐中感觉到自己已经找到了解决问题的突破口，于是马上采取行动，大胆地试验。他先在一些动物身上进行种牛痘的试验，效果十分理想。为了让成千上万的儿童不再受天花之灾，他顶住了一切压力，在当时仅有一岁半的儿子身上接种了牛痘。接种后，儿子反应正常，但是，为了要证明小孩是否已经产生了免疫力，还要给孩子接种天花病毒。如果孩子身上还没有产生免疫力，那么，他的儿子也许就会被天花夺去生命。

为了千千万万的儿童能够健康成长，琴纳把一切都豁出去了，把天花病毒接种到了自己儿子的身上，结果孩子安然无恙，没有感染上天花，琴纳的实验终于成功了。从此，接种牛痘防治天花之风从英国迅速地传播到了世界各地。

3．要从偶然的机会中挖掘对自己有用的信息。

在工作当中，我们经常会遇到各种各样的偶然事件。假如我们能够利用这些偶然的机会，挖掘对自己有用的信息，工作结果就会发生变化。

爱德华是一家杂志的编辑，在他年轻时，有一回，他看见一个人打开一包纸烟，从中抽出一张纸条，随即把它扔在地上。爱德华拾起这张纸条，见上面印着一个著名女演员的照片，下面有一行字："这是一套照片中的一幅。"他把纸片翻过来，发现背面是空白的。

爱德华拿着这张纸片边走边想:"如果把印有照片的纸片充分利用起来,在它的背面印上人物的小传,价值就会提高了。"于是,他找到印刷这种纸烟附件的公司,向经理说明了他的想法。这位经理立即说:"如果你给我写这些东西,我会付给你丰厚的薪酬。"

这就是爱德华最早的写作任务。后来,他的业务与日俱增,又聘请了一些人来帮自己工作,就这样,他渐渐成了一位著名的编辑。

第二章
有效管理时间，才能成就大事

时间是什么？是人的一生中最大的无形资产。时间是有限的，不能将其缩短或加长。时间的价值在于有效地管理。我们应当爱惜时间，很好地利用它。在这个快速变化的时代，时间就是金钱。有效地管理好你的时间，那么你的时间何止价值百万！

01 严格遵守时间限定

哲学家塞涅卡说:"时间的最大损失是拖延、期待和依赖将来。"

很有才气的希森教授想写一本传记,专门研究"几十年以前一个让人议论纷纷的人物轶事"。

这个写作主题既有趣又独特,很有诱惑力,而且希森教授对此造诣颇深,文笔又很生动。他的朋友都认为,这个写作计划肯定会为希森教授赢得很大的成就。有人问希森教授:"你打算让这本书多长时间问世?"

"尽快吧。"希森教授答道。

五年后,一位朋友碰到希森教授,闲聊时,这位朋友无意间提到那本书。

"希森,你的那本书是不是快要大功告成了?"

不料,希森教授竟满脸愧色地说:

第二章
有效管理时间，才能成就大事

"老天爷，我根本就没动笔！"

这个回答几乎让这位朋友难以置信。

见朋友一脸的疑惑，希森教授忙解释说："我实在太忙了，总是有许多更重要的任务要完成，自然没有时间了。"

真的没时间吗？当然不是。

后来，希森教授的这位朋友决定写这本书。仅仅用了一年，这本书就面市了。因为这本书，希森教授的朋友一鸣惊人，成为文学界的大红人。

有人问他是如何做的，他答道：

"很简单。在动手之前，我给自己制定了一个不可更改的完成期限——两年。每天，我都要看着这个完成期限，对自己说：记着，你还有份工作未完成。然后强迫自己静下心来，不停地写，直到把它完成。"

生活中也有许多类似希森教授的人，有些人准备写一本书，爬一座山，打破一项纪录或做出一项贡献，可是这些人却有一个很不好的拖拉作风，本来可以完成的事，却一拖再拖，白白浪费了宝贵的时间。

如果你不主动给自己限定完成任务的时间，即使是十分简单的工作，也会让你无限期地拖延下去。结果，日积月累，简单的工作就会变得沉重起来，最终成为你行动的累赘。而且，能拖就拖的人心情总不愉快，总觉疲乏。因为应做而未做的工作不断给你压迫感。这样，必将影响下一个乃至以后所有工作的正常开展，让你无法按期完成任务。

也许你会说："上司分配工作任务的时候，已经明确交代了完成任务的时间。所以，'自我限定完成工作的时间'对我来说是多此一举。我只需在规定的时间及时提交任务成果就可以了。"

然而，实际上，只是在领导规定的时间内完成工作任务的做法并不是最明智的。因为，事情不会按你个人的主观设定前进。可能你在完成任务的过程中，常常会与一些临时的事项发生冲突。一旦这样，你就陷入了鱼和熊掌的被动状态，有限的精力就会被过度分散，进而使工作进度受阻，难以按期完成工作任务。

作为一名优秀的员工，任何时候都不要把工作拖到最后完成期限才去完成。优秀的员工不仅会谨记工作期限，而且更明白，在所有老板的心目中，最理想的任务完成日期是：昨天。

第二章
有效管理时间，才能成就大事

这一自我要求看似苛刻，但它却是保持恒久行动力不可或缺的因素，也是唯一永不过时的东西。所有令人惊诧的高绩效都产生于"把工作完成在昨天"的速度之中，正如未来的橡树包含在橡树的果实里一样。一个总能在"昨天"完成工作的员工，必然有高度的负责精神、崇高的敬业意识和超强的时间观念，他们毫无疑问是高绩效的创造者，也当之无愧地成为企业中最优秀的员工。

假如你的老板在向你交代任务时，同时提出了一个明确的工作期限，假如你渴望每一件事都能在最短时间内有效地完成，那么，就以老板规定的工作期限为基础，主动给自己制定一个更短的工作期限吧。

另外，不管老板提出的工作期限有多么苛刻，你制定的新工作期限，一定要比老板提出的更短、更苛刻。高压之下才能出高效率，这样，你的工作才能以令人目眩的速度快速运转。总之，"自我限定完成任务的时间"是成就卓越的永恒学问，它不仅能克服拖延的坏习惯，而且能占"笨鸟先飞"的先机。久而久之，必然能培育出当机立断的大智大勇。

02 主动创新，
　　　主动改变

　　事业、工作是获得幸福的源泉。但是，世界上的一切事物都是在不断发展的，因此，事业要获得新的成就，人们要得到新的幸福，必须凭借人的创新精神及主动改变。创新与改变是人类社会发展的福音，使人类更添光彩，使人生更具有价值，它是人类获得新的幸福的永恒动力。

　　在20世纪初，肺病被认为是不治之症，几乎没有什么药物可以治疗，只能依靠休息和营养来改善体质，驱除病魔。当时，日本横滨市的富安宏雄不幸染上了肺病，只好卧床休养。他的情绪很糟糕，对什么事情都心灰意冷。由于经商失败，欠下了巨额债务，妻子不得不外出帮人做工，富安宏雄只能自己照顾自己。

　　一个月过去了，富安宏雄的病情仍不见好转。更糟的是，他又患上了失眠症，心情的烦躁到了极点。

　　一天，家里没开水了，富安宏雄把火炉提到床边，躺到床上静

第二章
有效管理时间，才能成就大事

静地等水烧开。水温近80℃时，水壶盖进出的白色水汽向他迎面扑来，并且发出"咔嗒咔嗒"如摩托车一样的轰鸣声。富安宏雄更加烦躁，忍无可忍，随手拿起放在枕头边的锥子，用力向水壶扎去。很巧，锥子正扎在水壶盖上，咔嗒声立刻消失了。而壶里的水依然沸腾，却变得无声无息。富安宏雄眼前一亮，一个念头闪进了他的脑海。他忘记了自己病魔缠身，迅速下床仔细检查那个小孔，最后，他发现了水声不再轰鸣的奥妙：有了这个小孔，气压不足，自然不再轰鸣了！

富安宏雄觉得一切苦恼和混乱都消失了。他开始研究起来，买来一个又一个水壶扎孔做实验。终于，他证实了自己的推测：如果盖子上有个小孔，烧开水时就不会发出声音。于是，他觉得自己的生活不再乏味，病痛仿佛也减轻了许多。他想："我要把这项新创意好好利用，尽力让它开花结果！"

功夫不负苦心人，富安宏雄拖着病躯奔走了一个月，终于让一家制壶公司以2000日元买下了自己的这个创意——当时的2000日元

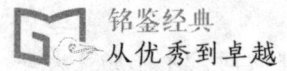

可是一笔巨款。他成功了!

后来,富安宏雄利用这笔钱重返商场,不仅还清了所有的债务,还使自己成为横滨市有名的成功人士。直到今天,我们许多家庭烧水用的茶壶盖、电饭煲盖上都有一个小孔,富安宏雄的创新还在给我们的生活带来方便。

从一个身无分文的人变成了百万富翁,依靠的就是创新思维。

创新是一个人取得成就的重要因素,更是企业兴旺发达的灵魂。创新和变革也是解决前进中遇到的困难的最为有力的武器,再强大的困难在创新面前也会变得不值一提。所以,要想摆脱困境,实现个人及整个组织的顺利发展,就必须积极主动地改变思维方式,从一个全新的角度,用一种全新的办法来面对困难,这样才能取得最好的效果。

日本大阪市有家"吃光餐馆",老板山田六郎在开业不久就遇上了麻烦事——几百名员工举行罢工。媒体对此进行了报道,山田的餐馆几乎陷入绝境。

为了餐馆的前途,山田给员工加了薪水,以安抚人心。但此举并未完全扭转被动的局面。一天,有过从政经历的山田突发奇想:"既然已经引起了媒体的关注,那么,我为什么不可以反过来利用这次罢工来增加企业的知名度和美誉度呢?"于是他在餐馆的门口、餐桌旁、吧台前等显眼的地方贴满了写着"欢迎罢工""我们欢迎攻击"等字样的条幅。

这种令人啼笑皆非、莫名其妙的举动,不仅调动了顾客的好奇心,改变了大家的看法,一些新闻机构也竞相予以报道。"吃光餐馆"立即成为大阪市的一个新闻热点,不少人慕名而来,餐馆的生意日益兴隆起来。

山田由此尝到了"做广告"的好处，但他不想花钱。有人问，不花钱怎么做广告呢？聪明的山田自有办法。

一天，山田租用了十几头牛，给牛穿上写着店名的花花绿绿的衣服，牛背上载满了洋葱、青椒、马铃薯、鸡、鸭、鱼等各种各样的原料，自己亲自带头，牵着牛，在大阪街头招摇过市。成千上万的行人被这种别开生面的"宣传"所吸引，纷纷驻足观看，也有不少尾随者。这一做法再一次引来了各类新闻媒体的炒作。

据报社统计，这两次为"吃光餐馆"刊登文章的字数，如果以广告费计算，山田至少要付上1000万日元。这个数目，是他第一年营业收入的七分之一。由于别出心裁的思路，餐馆第二年的营业额达到了1.5亿日元，第三年4亿日元，到第四年时，餐馆已跃居大阪市餐饮业的首位，销售额高达18亿日元。

创新和改变可以帮助所有的人成就辉煌、晋升卓越。只要保持对创新的热衷，很快就能成为最受老板青睐的人，提升的机会也就会随之而来。值得注意的是，创新应该随时随地进行。有些人总是觉得创新神秘，似乎它只有极少数人才能办到。其实，创新的内容和形式可以各不相同。在当今，创新已经不仅是科学家、发明家的事，它已经深入到普通人的生活中，很多人可以进行创造性的活动，生活、工作的各个方面都可以迸发出创新的火花。创新就是寻找新的方法，改进现有工作方式的不足和缺陷，所以应该是任何人、任何时候、任何地点都可以进行的。

创新与改变是企业发展的不竭动力。如今，是否具有卓越的创新能力已经成为决定企业生死存亡的关键问题。同样，创新也是员工发展的推动力量之一，员工的成长与进步离不开持续的创新。

"今天我应该在哪里改进我的工作？"

如果在工作中你能把这句话当做自己的格言，它就会产生巨大的作用。当你随时随地地要求自己不断改变，不断进步，你的工作能力就会达到一般人难以企及的高度。

李·艾柯卡曾告诫人们：不创新，就死亡。创新为员工提供了生存和发展的机会，如果今天不创新，不改变，明天就会被淘汰。作为公司的一名职员，只有不断地从学习中吸收新思想，不断地提升自己的思考能力，才能够在工作中获得不断改进的方法。

不断改进如果成为一种习惯，将会受益无穷。一名不断改进的职员，他的魄力、能力、工作态度、负责精神都将会为他带来巨大的收益。

一桶新鲜的水，如果放着不用，不久就会变臭；一个良好的公司，如果不能持续改进，就会逐渐地衰退。每个员工在每天的工作之中都要有所改变。这种自我超越式的创新精神，是每个人成就卓越的必要修炼。

只有善于自我改变，自我超越的人，才会警觉到自己的无知及能力的不足，才能不断地发展完善自我，不断地获得优异的创新成果，从而将自己的事业推向一个新的高度。

03 把精力放在最具"生产力"的事情上

众所周知,人的时间和精力是有限的。而一天有很多的事情,我们不可能把每件事都做好、做精。其中有些事情是迫在眉睫的,而有一些是可以暂且缓一缓的,也就是说事有轻重缓急。这就需要我们把精力、时间用在最具"生产力"的事情上。

大多数人无法高效率地完成工作,就是因为他们把太多的精力花在次要的事情上。要把精力放在可以获得最大回报的事情上,而不要将时间花费在对成功无益或仅有很少益处的事情上。

19世纪末20世纪初,意大利著名经济学家及社会学家巴莱多提出:在任何一组东西之中,最重要的通常只占其中的一小部分。这就是著名的"巴莱多原则"。根据巴莱多原则,在一家公司,通常是20%的高绩效的人完成80%的工作。你也许会感到很惊讶,但这却是事实。所有的优秀员工一致认为:高效率地完成工作的技巧源自于将80%的精力放在最重要的任务上。

比尔·盖茨认为：那些善于管理时间的人，不管做什么事情，首先都用分清主次的办法来统筹时间，把时间用在具有"生产力"的地方。那么，如何分清主次，把精力用在最有生产力的地方，他归纳了三个判断标准：首先要明白我们必须做什么。这一点包括两层含义：是否必须做，是否必须由我做。其次应该明白什么能给我最高的回报。应该用80%的精力做能带来最高回报的事情，而用20%的精力做其他事情。最高回报的事情，也就是最有生产力的事情。最后，应该清楚什么能给我们带来最大的满足感。无论你地位如何，总需要分配精力于令人满足和快乐的事情，唯有如此，工作才是有趣的，并易保持工作的热情。

因此，当你面临很多的工作，不知如何着手时；当你耗尽全部的精力，工作效率仍然提不上去时；当你为花了太多的精力做没多大意义的事而懊悔不已时，那么，就应该及时审视一下自身，依据比尔·盖茨所提出的三个判断标准，及时调整工作方向，把80%的精力放在最重要的任务上，只有这样，你才能高效率地运用有限的精力，有效地提高工作效率。

将80%的精力用来完成最重要的工作，一个人的潜力就能得到更好的发挥，这就好像一个果农要想在秋天获得丰硕的成果，就要把果树上面的多余枝杈剪除掉，只有这样，他才能在秋天享受到收获的快乐。

"分清轻重缓急，设计优先顺序"，你必须学会根据自己的核心能力，排定日常工作的优先顺序。建立起优先顺序，然后坚守这个顺序，工作起来才会事半功倍。

鉴于任务的重要性和紧迫性，你还必须学会聚精会神、全身心

第二章
有效管理时间，才能成就大事

投入。一个员工如果只知道工作的轻重缓急，但在处理最重要的工作时却缺乏集中注意力的能力，依旧不会取得好的成果。就如同一个人知道该做什么，但在行动时却总为无关紧要的事分神，结果总是一无所成。

对于任何一个员工来说，假如你不能把精力放在最具"生产力"的事情上，注意力分散，对任务的完成是十分不利的。要想切实地提高工作效率，你必须专注于重要的事务。

每天都有许许多多的事情等着我们去做，如果我们不分轻重地进行工作，那么到头来我们不仅"丢了西瓜"，很有可能我们连"芝麻"也没有捡到，使一些本来可以"生出效益的精力"白白地浪费掉。

若要集中精力于最重要的任务，有效利用80%的宝贵精力，你还需有说"不"的勇气。

汉密尔顿太太曾被推选为社区计划委员会的主席，可是只工作了一个月就受不了了，因为她既放不下许多更重要的事，又不好意思拒绝别人向自己求助，只能勉为其难地接受。因此，她每天都忙得昏天黑地。汉密尔顿太太深感精力不济，无法担当委员会主席这一重任，便打电话给一个好友，问她是否愿意在委员会工作，对方却婉言拒绝了。汉密尔顿太太放下电话，沮丧地说："我那时也能拒绝就好了。"儿子汉克斯意味深长地说："是的，只要你敢于拒绝别人的那一堆鸡毛蒜皮的小事，你根本就不可能这么累。"后来，汉密尔顿太太再不理会别人的那些无关紧要的小事了，果然轻松了很多，而且还把社区的工作搞得有声有色。

正如汉密尔顿太太一样，任何人在必要时，都应懂得不卑不亢地拒绝别人，分清事情的主次，为自己去做最重要的事留下充足的时间和最多的精力。

建议每一位有心的员工都能制定一份自己在一段时间里的详尽的工作计划，标明哪些是重要的，哪些是次要的，并在每天结束前精确地安排第二天的工作，从而保证自己的一天始终在精力充沛地从事最有意义的工作。

第二章
有效管理时间，才能成就大事

04 有效管理工作时间

俗话说"一寸光阴一寸金"，做一个善于管理时间的人，不仅你的事业充满了发展的机遇，而且，你的人生也充满快乐。

对时间情有独钟的比尔·盖茨，在和友人的一次交谈中说："一个不懂得如何去经营时间的商人，那他就会面临被淘汰出局的危险。"

在时间方面，上帝是最公平的。不论穷人或富人，男人或女人，聪明的或不聪明的，摆在你面前的时间，每一天都是24小时，绝对不多一分也不少一秒。如果你学会科学地管理时间、利用时间，就会变得聪明又充实，在适当的时间内做完你应该做的事情。

管理时间是一门学问，用好了可以为你带来数不尽的机会，使你顺利地跻身高绩效行列，从而改变你一生的命运。而如果不精于此道，则会沦为平庸，很难在工作中有所进展，改善自己的地位。

时间是一个人最宝贵的财富。正是时间一点一滴地累积成了人的一生。时间又是无情的，它不能挽回、不可逆转、不可储存，且永不再生，但它可以管理。

假如你想在工作中脱颖而出，就必须认清时间的价值，认真计划，这是每一个人都能做到的事情，只要你肯做。这也是一个职场中人走向成功的必由之路。如果你连时间都管理不好，那么，你就不要奢望自己能做好其他的任何事，更不要奢望在公司里会有升职加薪的机会。

有效管理时间的关键在于做好工作计划。在工作之前先把当天所要完成的工作进行一下统筹安排，制定一个科学合理的计划。在工作的过程中严格按照计划完成工作，这样就可充分合理地利用时间，提高工作效率。

有了计划，是否严格执行了，还需要适当地检查。晚上睡觉前，再翻一翻一天的计划表，看一看你执行的情况和进度，会有助于你第二天工作的安排与完成。

曾有人问英国著名作家李嘉图·唐耶爵士："在忙碌的生活中，你是怎样设法做完全部的工作的？"李嘉图的回答非常简单："因为我准时地做每一件事。"没有什么比准时更重要，也没有什么比准时更能节省时间。然而现实工作中有许多人，因为时间观念差，失去了许多宝贵的时间，也失去了很多成功的机会。

凡是在事业上有所成就的人，都是惜时如金的人。在时间就是金钱、时间就是效益的今天，真正干大事的人，他们从来不愿意多耗费一点一滴的宝贵资本——时间。

第二章
有效管理时间，才能成就大事

如果你不想做一个在职场上苦苦挣扎而毫无建树的人；如果你想做出一番成就，那么你就必须做一个科学利用时间做事的人。

不要为上班迟到寻找任何借口。什么家事缠身，什么路上堵车，千种理由，万种说法，都不能成为借口。迟到就是迟到，你已经给公司带来了不良影响。尤其是在跟客户约定的时间内，你一个人的迟到损坏的是整个公司的形象，你一个人的迟到带来的是公司和客户双方的损失。此时你应该做的是承担责任而不是寻找借口。

做一个有时间观念的人，就要充分利用上班时间，提高工作效率。不要在上班时间去和别人海阔天空地谈些与工作无关的话，更不能"身在曹营心在汉"，想到"外面的世界很精彩或家里的煲汤浓浓"，心猿意马，神不守舍。要把全部的心思和精力都投注到自己的工作上，有效地提高工作质量，提升工作效率。

做一个有时间观念的人，还要要求自己按时完成本职工作。纵然是一个优秀的企划方案，纵然是一项完美的工程设计，如果落于他人之后，也会失去意义或者身价猛跌。

一位出名的企划人员在谈到他的成功经历时说："那次，我和同事同时参与一家大公司的投标。通过大量的资料收集和精心的筹划，我们几乎在同一时间完成了各自的竞标计划。但在赶往大公司的途中，我的车子出了故障，晚了一小时到达会场。而在这一小时内，我的同事用他那新颖的设计和长远的规划配上精彩的演讲深深地吸引了大公司的决策人员，大公司上层人士就这样决定采用我同事的方案。

"老实说,我的计划并不逊色于同事,可因为晚了一小时,就失去了竞争的机会。我现在还懊悔呢。"

一位成功的职业人士这样总结他的成功经验:"就算不能第一个到办公室,也不要是最后那个姗姗来迟的人。在星期一早上,如果你能比其他人早到一些,即使只是趁别人还没有进办公室之前查查自己的电子邮件,或者整理一下办公桌,都会让自己提早进入一周的工作状态。同时跟周围的人比起来,你的精神会显得特别愉快,也绝对是当天最让老板眼睛一亮的员工。就算不能最后下班,也不要在众人都埋头工作时扬长而去。这样会让上司觉得你的工作过于轻松,并且没有团队意识。"

第二章
有效管理时间,才能成就大事

时间观念已成为现代管理的重要观念,浪费时间,就是浪费金钱,就是降低效率。应该重视对时间的管理,每一个人都应该用正确的时间观念思考问题,讲求效率,充当时间的主人,迎接未来的挑战。

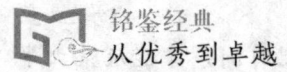

05 及时发现问题并报告

每个员工的表现与企业的命运都是紧密相连，不可分割的。日常工作中，若能把发现的问题，积极地反馈到公司负责人的手上，企业或许就会因为一个意想不到的原因而节约大量的资源，或者因此而创造更大的利润。

全美最著名的企业家之一查尔斯·齐瓦勃先生在钢铁大王安德鲁·卡内基的工厂做工的时候，就发誓要做工厂里的经理。他不计较薪水的高低，一直都在努力工作，他的工作效率所产生的价值远远超过他的所得，他依然努力地做出更好的成绩给老板看。他以愉快的心情工作着，终于一步一步取得了今天的巨大成就。

齐瓦勃出生在一个贫困的家庭，只受过短期的学校教育，15岁至17岁在家乡做马夫，后来获得了一个周薪为2.5美元的工作机会，在工作之余他不忘寻找其他的工作机会。再后来应邀去了卡内基钢铁公司的一个建筑工地工作，工资变为日薪1.3美元。后来升任

第二章
有效管理时间，才能成就大事

技师、总工程师、房屋建筑公司经理、卡内基钢铁公司总经理、全美钢铁公司总经理，后又成为是贝兹里罕钢铁公司总经理。他有决心、肯努力、不怕困难，干任何事情都非常乐观而愉快。他总结出自己成功的心得是：努力从公司角度，多为公司着想。

乔治大学刚毕业就应聘到了一家钢铁公司。工作还不到一个月，就发现很多炼铁的矿石并没有得到完全充分地冶炼，一些矿石中还残留着许多没有冶炼出来的铁。如果这样下去，公司岂不是会承受很大的损失。

乔治为此连续找了负责这项工作的几位工人和工程师，他们都不以为然。

但乔治却认为这是个很大的问题，于是拿着没有冶炼好的矿石找到了公司负责技术的总工程师，他说："先生，我认为这是一块没有冶炼好的矿石，您认为呢？"

总工程师看了一眼，说："没错，年轻人，你说得对。哪里来的矿石？"

乔治说："是我们公司的。"

"怎么会呢？我们公司的冶炼技术可是一流的，怎么可能发生这样的事？"总工程师很诧异。

"其他工程师们也这么说，但事实确实如此。"乔治肯定地说。

"看来是出问题了，怎么没有人向我反映？"总工程师有些发火了。

总工程师立即召集负责技术的工程师来到车间，果然发现了一些冶炼并不充分的矿石。经过检查才发现，原来是监测机器的一个零件出现了问题，因此导致冶炼的不充分。

公司的总经理知道了这件事之后，不但奖励了乔治，而且还晋升乔治为负责技术监督的工程师。总经理不无感慨地说："我们公司并不缺少工程师，但缺少的是负责任的工程师，这么多工程师就没有一个人发现问题，而且有人提出了问题他们却不重视。对于一个企业来讲，重要的是人才，但是更重要的是对公司忠诚的人才。"

乔治从一个刚刚毕业的大学生转眼间就成了负责技术监督的工程师，可以说是一个飞跃。他的成功最重要的一方面是来自于他在工作中能够发现公司内出现的问题，并及时地把问题反馈给公司的负责人。

"兢兢业业"在这个年代已经是绝对不够了，一定要有超前意识，还要有超出老板期望值的好建议。这就需要员工们挖空心思，创造出一些额外的东西——这也是平庸之人与优秀之人的区别之一。有了想法只停留在嘴上不付诸实施，没有丝毫意义。企业需要员工以公司为家，时刻关注企业的发展，参与管理、多提合理化建议。

合理化的建议哪怕是微不足道的一点，只要有利于帮助企业、公司的发展，老板们都会欣然接受的。同时可以让你的地位在老板心目中水涨船高。

小晖是某家电脑公司的绘图员，为了查找资料每天他都要往公司的资料室跑几趟，疲惫和烦躁暂且不说，仅是工作效率就比他在原来的公司低多了。有一次小晖绘图的时候，突然想起了原来公司里办公室的布局：他的办公室比较大，还放了好几个资料储存柜，很方便查找资料。他打量了一下现在的办公室，心想可以调整一下

第二章
有效管理时间，才能成就大事

办公室的位置，使办公桌挨得紧一些，那样就能腾出一块空间放几个书柜储存资料了，这样查找资料方便，也会节省很多时间投入到工作中，工作效率肯定能提高。

小晖把这个想法向主管提了提，主管觉得这个建议很好、很可行，就采纳了。此后小晖和同事们每天再也不用忙于往返资料室与办公室之间了，资料就放在办公室里既节省了查阅时间又节省了精力，两全其美。

由于小晖的合理化建议，年底公司的效益超出了原来的25%，小晖也因此得到了老板一个很大的红包。

在任何一家公司工作，每个员工都应该有一种主人翁的心态。发现公司、老板出现问题，应及时提出，而不是保持沉默。

在商海中沉浮，老板承担的风险是最大的。一旦公司遭到破产的厄运，老板就有可能倾家荡产，甚至有的还会寻短见。而员工们则没有什么包袱和负担，无非转换门庭另寻栖身之处。对老板来说，只有那些把公司利益放在第一位，时时刻刻为公司着想的员工，才是他真正需要的员工。作为员工，必须学会站在公司的角度想问题，多替公司着想，尽量避免知而不言的态度和想法，尽可能把工作中发现的问题及时汇报上去，为公司避免一些不必要的损失。

06 办公时间
少说多做

常言道："良言一句三冬暖，恶语伤人六月寒。"人言可畏，有时舌头底下可以压死人。职场上，我们每天和同事、领导之间难免有话要说。说什么，怎么说，什么话能说，什么话不能说，都应"讲究"。可以说，在职场上，"说话"也是一门艺术。很多时候，有些人吃亏就是因为没能管住自己的嘴巴。

上班时间要杜绝闲聊。聊天是办公中最浪费时间的行为，它让我们觉得时间过得飞快，不知不觉把本应工作的时间浪费掉。至于那些喜欢在聊天中夹杂一些同事或者领导私生活内容的聊天，无论出于何种动机，在背后说人闲话总是一种不道德的行为，对人际关系也会造成不良的影响。

一些很无聊的人，常常利用上班时间讲一些无聊的笑话，或者说一些与工作无关的事，自以为是办公室里的"开心果儿"。其实不然，那样不但会影响自身工作的注意力，降低工作效率，还会干扰同事办公影响他人的效率，让那些不喜欢这种行为的人很容易产生一种莫名的厌恶感。

小梅在毕业前一直是个说话口无遮拦的家伙，每次逮着机会嘴就停不下来，一直说个没完。在同学眼里，她的刀子嘴是出了名的，而她的"损功"也是一流的。

小梅说，刚毕业那会儿，自己一直在换工作，无论在哪儿，和同事相处得都不好。她说自己在尽力改变，但因为话多，仍会经常得罪一些人，虽然自己是无心的，也正是因为这个原因，自己失去了几份工作。为了不再丢掉工作，她不敢再随便说话。除非必要情况，她甚至可以一整天不说话。她心里很憋闷，工作一段时间后，心理压力特别大，有时候躺在床上她都担心，自己这样会不会有一天突然疯掉？

有时候，即使自己有些意见和想法，她也藏在心里不说。在这样的状态下她一直工作了两年，可是单位的同事好像仍然和她很陌生。后来单位裁员，只裁掉了两个人，她就是其中一个。结果宣布后，她想哭，觉得自己活得非常窝囊，到底是招谁惹谁了？

那次裁员对她打击其实是很大的，也因此休息了半年多没有去找工作。在这半年多的时间里，她看了很多如何与人相处方面的书，也通过和一些朋友聊天，学到了不少东西。她感觉自己又有了活力，有了想要改变的强烈愿望，她又去谋职了。

现在，她又有了新的工作，并且已经干了两个多月。因为领导很满意她的表现，所以提前正式录用了她。

小梅的变化，其实正是职场中人际交往的一些潜规则，这些言谈举止方面的要求，常常会体现一个人意识和行为的高素质含量，语言方式、肢体动作都属于语言艺术。

第二章
有效管理时间，才能成就大事

所以，在工作的时候，一定要少说多做，尤其是当有比你有能力的、经验丰富的、比你更了解的人在座时，如果你说多了，你就可能同时做了两件伤害自己的事情：第一件是你揭露了自己的弱点和愚蠢；第二件是你失去了一个获得智慧及经验的机会。

说话要注意场合和时机，在什么时机和场合可以说，什么时机和场合不能说一定要分清；还要分清什么话可以说，什么话不能说。比如，在上班时间只适宜谈论一些与工作有关的话题或者是不闲谈，以免造成同事的反感。若是在午休或者其余休息时间，可以随便谈论，但是注意不要谈论别人的私人问题，尤其是失恋、离婚或者私生活方面的，以免生出不必要的事端。

07 找到浪费时间的原因，
提高工作效率

　　人们不论干什么事情，都要讲求效率，效率高者，事半功倍；反之，则事倍而功半。比尔·盖茨说：不管是学得更快，还是干得更快，都是一个效率问题。有意识地训练自己在利用时间方面的本领，你才能从时间里找到自己更多的人生价值。

　　造成时间浪费的因素，来自环境和个人两方面。来自环境的因素包括：不速之客的拜访、电话太多、不必要的会议、繁文缛节、工作量太大、缺乏沟通的氛围、等待答复，等等。来自个人的因素包括：缺乏自律、拖延、心不在焉、规划不周、应酬太多、不懂得拒绝，等等。

　　有专家统计，造成时间浪费的最主要因素有以下5个：

1.外在的干扰。

　　不想接听的电话或不速之客的拜访，常把你手边重要工作切割得七零八落，把你的计划打乱。

2.拖延。

拖延几乎是每个人的通病。当你做一些难做、乏味,却又不得不做的事时,你就可能情不自禁地陷入拖延之中。

3.优先顺序改变。

在你正处理某件事的时候,突然接到指示或发现有更重要的事要办,只能放下此时正在做的事去做别的事。这样做的结果常常让事情半途而废。

4.规划不周。

事前欠缺规划,往往使你工作起来手忙脚乱,从而浪费掉宝贵的时间。

5.等待答复。

当你专心等待别人的答复时,如果稍一拖长,时间就会在你不知不觉或者焦急地等待中浪费掉了。

仔细检查一下自己,如果你自身也具有这些浪费时间的因素,那就努力去克服它,不要犹豫不决。一旦克服了这些因素,你就像割除了身上的一个恶性肿瘤一样,以全新的面貌积极高效地投入到工作中去,终会有所成就。

没有人真的没有时间。每个人都有足够的时间做必须做的事情,至少是最重要的事情。在同样多的时间里,有人能够把事情做得更好,他们不是有更多的时间,而是更善于利用时间。

要想充分而有效地利用时间,前提就是要分析出有多少时间是在你的掌控之内,这样你才会善加利用。

时间其实是由一连串事件组成的,因此,要分析自己能够掌控多少时间,就是分析自己能够掌控多少事件。

在一天中，有些事件是我们能掌控的，比如起床、饮食、睡眠等；有些事件是我们不能掌控的，比如交通状况、上司召见、开会时间等。对于无法掌控的事件，不要花时间去掌控，那只会让你徒劳无功的，只有把心思放在能够掌控的事件上，按优先顺序排列好，并努力去做，才会有成效。

对于一些外在的干扰，其实也并不是完全不可控制，你可以灵活处理，首先你要分辨这些干扰是有价值的还是没有价值的。没有价值的干扰，应设法避开或立刻中止。比如长话短说或告诉对方你有要事要处理。必要的干扰是属于你的责任范围，或和你有切身关系，应该立即处理。

对于等待答复，虽然不能控制对方，但你可以主动出击，联络对方，请对方给予明确的答复时间和内容。如果等待是不可避免的，那就在等待中马上去做下一个重要的任务，切忌不要把时间浪费在等待中。

有人在5年中对数百名经理进行了跟踪，研究他们如何处理日常工作，结果发现，足足有90%的人没有有效地利用时间，他们把力气耗费在了一些无谓的事情上。尽管这些经理们有着明确的目标和界定清晰的职责范围，他们的知识也足以胜任工作，但他们还是陷入了低效的泥潭不能自拔。之所以会产生这种现象，完全是因为他们的错误认识造成的——他们认为自己缺乏足够的判断能力和掌握能力。

而要想让自己的工作卓有成效，不至于忙而无功，最重要也是最有效的方法就是制定工作规划。

工作规划可分为长期、短期和每日规划。长期规划是指超过一

第二章
有效管理时间，才能成就大事

个星期、三个月内必须完成的事。短期规划以周为单位，列出一周要完成的工作，以及如何完成这些工作的行动细节。每日规划是工作规划的最高境界。每天早晨你要花10~15分钟规划这一天要做的事。做到这一点，你就会发现每天的时间宽裕而且效率很高，是一件低成本高获利的投资。

把每天要做的工作列成一份清单，并按照重要程度用数字给它们排次序。要是事情较多，就把最迫切的列为甲类，次要的列为乙类，再其次是丙类，或者用不同颜色的笔来分类。每一天工作结束，检查一下完成了哪些事，还有哪些事尚待处理，把它们依据重要性，排入明天的计划中。

如果你有拖延的毛病，就要给自己要完成的工作制定一个期限，甚至把不紧急的事变得紧急，并建立反馈制度，告诉自己必须按时完成工作。这样，就会使你清醒而坚定地去做重要的事，并努力完成它，而不再沉溺于毫无意义的琐事之中，工作效率自然大大提高。

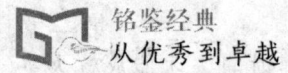

只要你按照以上所说的去做，你一定会改掉浪费时间的毛病，成为一个善于利用时间的人，你的办事效率将会得到快速提高，业绩也将明显得到改善，这时，你的内心也充满了轻松和快乐。

08 只和"现在"打交道

大部分的人都没有活在现在——不是活在"过去",就是活在"以后"。人生有许多宝贵的时光都溜走了,因为我们的心都被过去和未来占满了。应该说,"现在"这个部分的时间最宝贵、最重要。因为无限的"过去"都以"现在"为归宿,无限的"未来"都以"现在"为渊源。"过去"是"现在"发展的基础,"现在"又是向"未来"发展的起点,把握不住"现在","未来"就无从谈起。谁放弃了"现在",便是葬送了"未来"。"现在"的重要性还在于它最容易丧失,所以它最可贵。

如果说,漫长的人生就是金链,它以分、秒、日、月、年环环相连,那么,爱惜分分秒秒,就是珍惜人生。凡是在事业上有作为的人,无一不是珍惜时间、把握现在的人。

如果你把握了现在,并开始逐步进行,你就会发现,其实完成工作并不是十分困难的。你还会发现,逐步完成工作会带给你诸多好处，如晋升、加薪和其他各种良机。

另外，及早动手，你就会有更多的时间去处理意料不到的事情，或是去做其他更需要你去做的工作。假如最后期限是明天，而你又非要等到最后一分钟才动手，那么，一些额外工作就会使你的工作速度减慢，甚至错过最后期限。

汤玛士·卡莱尔曾经这么说："人生的主要任务，不是要看模糊不清的未来藏了什么东西，而是要立即去做手边现有的事情。"

时间在飞逝。据美国人司徒森多收集的3500种有关过程和现象的时间数据表明：基本粒子——中介子的寿命为0.000002秒；宇宙飞船飞往月球的途中，每飞一公里需要0.1秒；月光到达地球的时间

是1.25秒。约翰·劳斯金在桌上摆放一块刻有"今天"字样的大理石，随时提醒他立即行动，不要拖延。

凡事拖不得，而戒"拖"的妙方就是学会如何同正在想溜走的"现在"打交道。时间中唯有"现在"最宝贵，抓住了"现在"，亦即抓住了时间，成功就会向你招手。而"拖"却是影响你抓住"现在"的最大障碍。有的人经常为一种不可名状的期待所困扰，总觉得来日方长，"现在"无足轻重，只有"未来"才会有无限风光。不管你做什么，抓住现在是最美好的生活，将思考投注于现在，会产生一种明快亲切的感觉。记住人生苦短，真正做起事情来，时间永远显得那么少。

工作是十分艰苦的劳动，需要的是勤奋，懒惰的人将一事无成。须知知识财富都有一个特性，不经过自己艰苦的劳动，就不能成为自己的东西。

"未来"，是勤劳的最危险的敌人。任何时候都不要把此刻应该做的事搁置起来，应当养成习惯，把未来的一部分工作拿到现在来做，这将是一种美好的内在动力，它对整个未来都有启示作用。

我们的眼、手、整个心灵和身体都生活在现在，也只能生活在现在，为什么要回忆过去，忧虑未来呢？过去的已经过去，已经不存在了，而未来尚未到来。人生就像爬山登高，爬在中途的时候，不必往下看，也不要过多地往上看。何必为不清楚的未来分散注意力呢？记住：只和现在打交道。

第三章
敬业成就卓越

　　敬业是把使命感注入自己的工作中，敬重自己的职业，并从努力工作中找到人生的意义。作为一名职场员工，必须拒绝平庸，使卓越成为我们选择的道路。山无石何以成峰，无论从事何种工作，敬业精神必然使人超越平庸；无论从事何种行业，敬业必然成就卓越。

01 把敬重自己的
工作当成习惯

工作本身是客观的，它无所谓优劣。员工在一个工作岗位上能否做出成就，不在于工作本身，而在于自己对工作的态度。一个对自己的工作持敬重态度的人，才能让自己的工作趋于完美，才能在工作中实现自身的价值。

美国著名学者、成功学家詹姆斯·H·罗宾斯说："敬业就是尊敬、尊崇自己的职业。如果一个人以一种尊敬、虔诚的心态对待自己的职业，甚至对职业抱有一种敬畏的态度，那么他就已经具有敬业精神。"

工作敬业，表面上看是为了老板，其实是为了自己，因为敬业的人能从工作中学到比别人更多的知识、技能、经验，而这些都是你向上发展的踏脚石，即使你以后换了公司、从事不同的行业，你的敬业精神也必会为你带来助力！因此，把敬重自己的工作当成习惯的人，从事任何行业都容易成功。

第三章 敬业成就卓越

有人天生有敬业精神,一旦工作起来就废寝忘食,但有些人的敬业精神则需要培养和锻炼,如果你自认为敬业精神不够,那就应该趁早培养——以认真负责的态度做任何事!一直努力下去,敬业就会变成一种习惯!

20世纪90年代,我国的一个代表团到日本进行商务洽谈,代表团车队的先导车由于开得较快,就暂时停在了高速公路的临时停车区域等待后续车辆。几分钟后,一对驾驶丰田跑车的年轻夫妇停靠了过来,问代表团成员是不是车辆出了什么问题,是否需要他们帮忙?

在代表团说明了情况后,开车的男士递过来一张名片,并说他是丰田汽车公司的职员,看到代表团使用的车辆也是丰田汽车,而且停在了路边,就过来看看是不是有什么问题需要帮忙。他还表示,如果车有什么问题可以随时给他打电话。之后,他们才开车离开。

可见,敬业不仅体现在工作中,也体现在业余生活中,这就是丰田职员的敬业精神。

作为员工，不要幼稚地认为，你对工作的轻视目光，会瞒得过老板的视线。老板们或许并不了解每个员工的表现，熟知每一份工作的细节，但是一位聪明而精明的老板清楚地明白一点，你不敬业带来的结果是什么，他会明智地根据你的认真程度，来设定你的未来。可以肯定的是，老板赞许和赏识的目光，绝不会落在对待工作耸肩撇嘴的员工身上。

每个老板都喜欢敬业的人，因为这样他们可以减轻工作压力，事情交给你放心。

当然，有的员工也有这样的心理：现在找工作也并不是很难，此处不留，自有他处。不如过一天算一天，如此混下去，只能一年到头去找工作了。

已故的弗里德利·威尔森曾经是纽约中央铁路公司的总裁。有一次，在接受访问时，被问到如何才能使事业成功，他说："一个优秀的人，不论是在挖土，或者是在经营大公司，他都会认为自己的工作是一项神圣的使命。不论工作条件有多么困难，或需要多么艰难的训练，要始终用积极负责的态度去进行。只要抱着这种态度，任何人都会成功，也一定能达到目的，实现目标。"

以积极的心态面对工作，主动解决工作中遇到的难题，清楚工作中遇到的障碍，是每一位员工应尽的义务和责任，也是晋升卓越的必由之路。不论你从事的工作困难还是容易，你所承担的责任是大是小，你都必须以积极负责的心态去面对，尽善尽美地把它做好。

当我们抱着积极的心态去面对工作时就会发现，每一件事情都对自己有着深刻的意义。

如果你是一名图书管理员，在整理书籍的过程中，便会感觉到自己每一天都在获取一些知识，取得一定的进步。如果你是一位学校的老师，每天怀着积极的心态，就会从按部就班的教学工作中，感受到园丁浇灌花蕾的快乐。有了这种心态，你在工作的过程中，就会变得很快乐，所有的烦恼都会被抛到九霄云外去。

其实，敬业本身就是一种习惯，它可以让员工受用终生。要想成功，就要从点滴做起，让敬业成为习惯。

02 热情比智慧更重要

很多年轻人进入职场后才发现,自己很有才华,在某一领域里的丰富知识令其他人难以企及,但是在工作上却业绩平平;有些同事并没有什么非常渊博的专业知识,却总能创造出令人刮目的成绩,造成这种结果的因素之一就是热情。很多人满怀憧憬地进入职场后,首先对工作环境感觉很失望,然后,工作方面的要求、同事之间的竞争以及一些日常的工作琐事接踵而至。面对巨大的压力,他们不禁失望,变得垂头丧气、无精打采。对所从事的工作从热爱到应付再到逃避,结果使职业生涯受到毁灭性的打击。更为致命的是,当他们在职场中遇到一些挫折和失败的时候,又总是找来许多借口为自己开脱:竞争太激烈、大幅度裁员等,却很少从自身找原因,也并不认为无精打采地上班,磨磨蹭蹭地工作是什么值得注意的大事。殊不知,正是这些才让领导下定决心辞退他们的。

李奇最近总是诉苦,他觉得自己就像个机器人,每天重复着单

第三章
敬业成就卓越

调的动作，处理着枯燥的事物，每天想的不是怎样提高工作效率，提升自己的业绩，而是盼望着能早点下班，期望着上司不要把困难的工作分配给自己。他说，在工作中经常碰到不顺心的事，真想再换个工作。他又说，从大学毕业到现在，五年时间内已经换个五个工作，然而每一次跳槽的结果都不尽如人意，真不知道该怎么办。

在日常工作和生活中，像李奇这样的人并不少见，他们的目标只是过一天算一天，他们不断地抱怨自己的环境，没有热情，就像是一块浮木在人生之海上随波逐流，在工作中不思进取，在生活中不求上进，可以肯定，他的工作及生活质量不会有什么改变。

一个优秀的员工，最重要的素质是对工作的热情，而不是能力、责任等其他的因素。任何企业都希望员工对工作抱有积极、热情、认真的态度，因为只有这样的员工才是企业进步的根本。

热情是一种洋溢的情绪，是一种积极向上的态度。它是一种力量，使人有能力解决最艰深的问题；它是一种推动力，推动着人们不断前进。它具有一种带动力，闪亮于言、洋溢于表、展现于行，影响和带动周围更多的人热切地投身于工作之中。工作热情并不是身外之物，也不是看不见摸不着的东西，它是一个人生存和发展的根本，是人自身潜在的财富。

美国经济学家罗宾斯指出：人的价值 = 人力资本 × 工作热情 × 工作能力。热情反映了一个人的工作作风、道德风范、积极的世界观和价值观。没有了热情就像没有生命的稻草人一样，随风摆动，没有主观，整天浑浑噩噩，结果将一事无成。

有一位猎人，带了一条雄武威猛的大猎狗去森林打猎，他们发现一只瘦弱的野兔从附近的灌木丛中惊窜而出。猎人稳稳地端起猎枪，瞄准，一声枪响，野兔中弹了，在草地上惨叫连连，血迹斑斑。猎人一挥手，待命的猎狗如离弦之箭，凶狠地朝猎物扑去。野兔绝望地看着越逼越近的灭顶之灾，奋力扭动挣扎。它颤巍巍站直，试着跑出几步，但一阵钻心的疼痛袭来。龇着獠牙恶狠狠地吠叫的猎狗只距它一步之遥。不知从哪儿来的一股力量，野兔突然撒开四脚，没命地狂奔起来。猎狗加快速度，踏着野兔的血迹一路追击。它们之间的距离忽长忽短，眼看要追上了，谁知转过一处拐角，野兔居然消失了踪影。猎狗耷拉着脑袋回到猎人身边。猎人一看野兔跑了，气得大骂猎狗："养你真没用，连只受伤的兔子也逮不住！"猎狗委屈地嘟哝："主人，你刚才也看到我已尽力而为，只是那兔子跑得太快了。"

第三章
敬业成就卓越

野兔气喘吁吁地跑回兔窝,众兔见它浑身是伤,都围过来问个究竟,它简要地讲述了刚才发生的惊心动魄的一幕。众兔就请它传授经验,它想了想,说:"尽管那追逐的猎狗气势汹汹,但充其量只能算尽力而为。我可不一样,在生死关头我只能全力以赴地奔跑,根本不在意什么伤不伤的,所以才拼出了一条生路。"

从这只野兔身上,我们可以得到一条重要的启发:做一件事情,一旦我们全力以赴,事情肯定会做成。一个人全力以赴的力量是不一样的,全力以赴的时候,就不会想到失败、后果。

热情对于一个职场人士来说,就如同生命一样重要。拿破仑·希尔博士说:"要想获得这个世界上的最大奖赏,你必须拥有过去最伟大的开拓者所拥有的、将梦想转化为现实价值的献身热情,以此来发展和销售自己的才能。"成功的人和失败的人在技术、能力和智慧上的差别通常并不很大,但是如果两个人各方面都差不多,具有热情的人将更能如愿以偿。因为从某种程度上说,热情比智慧更重要。凭借热情,你可以把工作变得生动有趣,使自己充满活力;凭借热情,你可以释放出巨大的潜能,发展自己坚强的个性。这一切都可以让你获得领导的提拔和重用,赢得宝贵的发展机会。

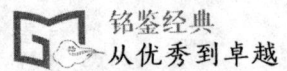

03 不要满足于
自己的工作现状

　　一名爱学习的员工的身上，凸显的是永不满足于现状、积极进取的精神。这样的员工做事踏实，能够为工作全力以赴，他们不会骄傲自满，而会为了获得永不失效的真正能力而努力奋斗。

　　在通用汽车公司的一次项目会议上，总经理让他的下属们针对自己的工作谈一些看法。有一个部门经理站起来慷慨陈词："我现在对自己所从事的这项工作产生了一些怀疑。在这两年之中，在首席执行官的指导下，每个部门都接到了上百个项目，有许多项目在开始时都投入了大量的人力资源和资金，可是进行到中途便不了了之，这样下去，会毁了公司。我们难道不能抓一些大一点的项目？或者我们能不能为每一个部门分配一些不浪费人力资源和资金、又能迅速见到效益的项目呢？这些项目不必太多，只要能见到效益，这对我们的发展会有莫大的好处。"

　　这位经理的一番话，震动了总经理和在座的每一个部门经理，

第三章
敬业成就卓越

他们都为这位经理勇于负责的工作精神所感动。整个下午,大家放弃了此次开会的议题,针对这位经理所提出的问题,进行分组讨论,重新制定战略目标。经过重新调整战略规划后,公司节省了许多开支,公司发展的步伐也加快了许多。

在执行一项任务时,如果频频出现困难,时时遇到阻碍,你想过其中的原因吗?在达成任务的过程中遇到困难是正常的,也是可以接受的,但如果出现的问题过多,过于复杂,就不正常了。这时就需要你质疑自己的工作,客观地评估这项工作的每一个环节是否科学合理,认真地分析自己的工作方向是否与企业的总目标一致,谨慎地判断自己的工作方法是否科学有效。

作为一名员工,敢于质疑自己的工作,才能避免错误的决策,创造骄人的业绩。

杰奎琳是一家电子公司研发部的职员。她在工作之中,经常注意到一些组织管理中的漏洞和失误,并从中找出一些具有挑战性的问题。尽管她的这种做法常常令同事头痛,但是她的这种负责精神为公司减免了许多不必要的损失。

有一次,公司高层制定了一个战略规划,准备研发一种新型的胶印机械。这个方案已经全部做好,款项也陆续到位了。但是,杰奎琳在工作刚刚开始时,便对所要开发的这个产品产生了怀疑,她认为,这个项目在操作上有许多仓促之处,而且在制定这个项目计划时,没有对产品进行详细的论证,很有可能会出现产品刚开发出不久就被市场淘汰的结局。她详细地把自己对这项决策的怀疑之处写出来,并提出了许多建议,然后交给上司。由于她的见解深刻,公司高层重新召开了研讨会,对市场状况和这个项目重新进行论证,又经过专家的审查鉴定,这个项目最后被放弃了。而杰奎琳也因为这一"勇敢的行动"受到了提拔和重用。

很多人认为,要想保住自己的一切,就要按照既定的规则去工作,不要打破工作的秩序,也不可轻易尝试新的方法,更不要承接那些自己从来没有做过的事情,否则,就有可能被撞得头破血流。固然,循规蹈矩的人一般不会犯大的错误。但仅做到不犯错误,是不能成为一名优秀员工的。

质疑自己的工作,体现的是一种高度负责的精神,而这种精神正是支持我们成就卓越的精神动力。质疑自己的工作就是转变一种思路,把工作中所有"当然""毫无疑问""绝对正确"的东西进行客观的分析和评价,这项任务沿着这个方向努力就一定最有效和最经济吗?有没有其他更快地达到目标的方法呢?用这种思路去解决问题是最快捷的吗?是不是还有更好的思路和办法呢?多这样问问自己,进行更加深入的思考和探索,也许能找到一条更加有效的途径完成任务,从而为企业创造更大的效益,也为自己的业绩的提升创造了机会。

在现今这个竞争激烈的商业社会里,公司和个人都面临着巨大的压力,只有对公司持有认真负责态度的员工,永不满足于工作现状,在工作中不断质疑自己的工作,才能够帮助公司完善体系,适应市场变化,增强竞争力,推动公司前进。

04 把全部精力
   放在工作上

马丁·路德·金曾说过:"任何工作都有意义。所有对人类有所促进的工作都有其尊严和价值,应该努力不倦地把它做好。"工作,其实就是解决问题,如果在工作中你什么问题都没有,只有两种可能:要么你假装什么也没看见,要么你不是公司老板。权责越大,问题越多。有问题并不奇怪,重要的是你应该知道它会出现。

即使你只是一名普通员工,也应该为即将出现的问题做好准备,这是务实的态度。不管你工作多努力,有时情况依然会失去掌控。你的目光要既执著于理想,又要专注于现实。这就是做好准备的真实含义。

2001年9月11日上午的纽约风和日丽,而不到两小时,这个晴朗的上午就被彻底改变。我们有心理准备吗?我们能控制事态吗?

这个例子可能并不恰当。但是,对我们能力范围之内的事情做好准备是有好处的。每天早上想一想今天可能会遇到什么问题,一

第三章
敬业成就卓越

定要赶在工作进度之前，亲自总结每个项目的得失。尽量做到细致入微，保持警觉。

把全部精力放在工作上，需要你端正态度。换句话说，端正态度就是要求你对待工作要有一种责任感。有责任感的人不会怨天尤人，不会吹毛求疵。牢骚满腹、看什么都不顺眼的人，一定不会有多大作为，也不会做出多大贡献。不要与他们为伍，他们是最无价值的群体。

曾有这样一个人，整天都是埋怨、发牢骚。他认为自己从来不会犯错——从工作的第一天起，就没有什么是他的错。他最大的盲点是自己。说来可怜，这个人后来一事无成，因为他从不设法追究他经常失败的根源——他本人。出了问题，首先要从自己身上找原因。

对于一般雇员，请记住这一点：虽然你将来可能创业当老板，但是，做一名得力、能干的团队成员是很可贵的。《飞黄腾达》这个电视节目不知你是否看过，如果你看了，就会发现，缺乏团队精神的选手表现往往不够好。的确，人人都想争先，可是游戏的主要部分，而且是很重要的一部分，就在于团队合作。团队精神的积极作用在任何工作环境下都是有目共睹的。在你的工作中，你是否能做到想法独特，同时遵守团队工作的要求呢？

另外，《飞黄腾达》节目中的团队把不少工夫花在争执和内斗上，不仅浪费了宝贵的时间，还使人气恼甚至难堪。这些人资质都很高，但他们很多时候为了一些不值一提的小事而唇枪舌剑、喋喋不休。他们真该听一听亨利·福特的劝告：少挑剔，多想想补救的办法。

要把全部精力放在工作上！这话听起来很简单，但在实际工作中，却有相当多的人就是做不到。所以就需要我们专注，专注是产生结果的必要条件。成功的心态包括责任感和专注。我们都会开电视，要像开电视一样，打开大脑的开关，接收、关注手头的事务，如此取得的成效一定会让你大吃一惊的。

05 从小事做起

工作之中无小事，每一件微不足道的小事都可能会影响你的前途。许多所谓的小事其实是在为你打基础，没有打好稳固的地基，又怎能盖起坚实的大厦呢？

一次，公司召开新产品推广会，各部门所有的人都连夜准备文件。部门经理分配给小朱的任务是装订和封套，因为小朱刚到公司半年。部门经理一再叮嘱小朱："一定要做好准备，别到时措手不及。"小朱听了很不高兴，心想：这种高中生也会做的事，还用得着这样婆婆妈妈地嘱咐我？于是她没加理会。同事们忙忙碌碌，而她只在座位上装模作样地做自己的工作，实际上是在看一本时装杂志。文件终于交到她手里，她开始一件件装订，没想到只钉了十几份，订书机"咯噔"地一声空响，钉书钉用完了。她漫不经心地抽开钉书钉盒，脑子里轰地一响——里面没有钉书钉了！她马上到处找，可还是一无所获。经理看见后，也立刻让所有人翻箱倒柜。不知怎的，平时随处可见的小东西，现在竟连一排也找不到了。当时已是深夜了，而文件必须在明早9点大会召开前发到代表手中，经理非常气愤，对她大喊："不是叫你做好准备吗？怎么连这点小事也做不好？"她低头无言以对，脸上像挨了一巴掌似的滚烫刺痛。

每一件事情都是大事，而每一件事情又都是小事，关键是看你把它摆在什么地方。如果一根头发不小心放在某件精密仪器之中，也会影响到这台机器的正常运行，从而造成整个实验的失败，一根平时毫不起眼的头发，在此时此地也成了一件非常大的事情。

而实际上，很多成大事者并不是一走上社会就取得很好成绩的，很多大老板就是从伙计当起，很多政治家是从公务员当起，很多将军是从小兵当起。所以，当你的条件只是"普通"，又没有良好的家庭背景时，那么"先做小事"，绝对没错！

"先做小事"有什么好处呢？

"先做小事"最大的好处是可以在低风险的情况之下积累工作经验，提高自身技能，同时也可以借此了解自己的能力。当你做小事得心应手时，就可以逐步做大一点的事。赚小钱既然没问题，那么赚大钱就不会太难！何况小钱赚久了，也可累积成"大钱"！

此外，"先做小事"还可培养自己踏实的做事态度和金钱观念，这对日后"做大事"以及你的一生都有莫大的助益。

有些人总是自以为是，总觉得自己是成大事者，而不屑去做小事、赚小钱。你要知道，如果小事做不好、小钱不愿意赚或赚不来，别人是不会相信你能做大事！如果你抱着这种只想"做大事"的心态去投资做生意，那么失败的可能性会很高！"一屋不扫，何以扫天下"。

"这么简单的事谁做不到？"这是许多人的心态。但是正如上述事例中的小朱，小事也有做不好的时候。如果你留心观察身边的优秀员工，就会发现他们在开始的时候也与你一样，做着同样简单的小事，唯一的区别就是，他们从不因为他们所做的事是简单的小事，而不尽心尽力、全力以赴。

"不积跬步，无以至千里；不积细流，无以成江河。"一个人只有从大处着眼，小处着手，不论工作大小均全力以赴，才能确保工作以顺利开始，以高效结束。作为一名员工，要想把每一件事情做到无懈可击，就必须从小事做起，付出你的热情和努力。

任何人踏上工作岗位后，都需要经历一个把所学知识与具体实践相结合的过程，需要从一些简单的工作开始做起，从实践中不断学习。所以，即使是一件非常简单的小事，你也要一丝不苟地扎扎实实做好，并虚心向他人请教，积累经验。

另外，以认真的态度去做平凡的工作，将有助于你建立良好的人脉关系，在以后的工作中会得到同事的支持和帮助。无需多言，一个拥有良好人脉关系的人，自然更容易处理工作中的棘手问题，把工作完成得更好、更快。

　　总之，一个人能否成就卓越，取决于他能否做什么事都竭尽全力、力求做到最好，其中自然也包括那些再平凡不过的小事。

　　希尔顿饭店的创始人康·尼·希尔顿对他的员工说："大家牢记，万万不要把忧愁摆在脸上！无论饭店本身遭到何等的困难，大家都必须从这件小事做起，让自己的脸上永远充满微笑。这样，才会受到顾客的青睐！"正是这小小的微笑，让希尔顿饭店遍布世界各地。

　　"勿以善小而不为，勿以恶小而为之。"成功绝非一夕之功。凡事必须从小事做起，只有做好小事，才能为以后做大事奠定良好的基础。你不会一步登天，但你可以逐渐达到目标，别以为自己的步伐太小，无足轻重，重要的是每一步都踏得稳，这样才能走向成功的康庄大道。

06 养成注重
    细节的好习惯

　　细节成就完美。无论你从事什么样的工作，扮演何种角色，都应该从点滴入手，从细微入手，认认真真地对待每一个细微之处，把每一个细节做到位。只有这样，你才能把自己的工作做得尽善尽美。

　　新闻系毕业的小宁终于如愿以偿地开始了她的记者生涯。然而工作仅一周，她就发现自己是部门里多余的人。部门的工作已被原有的三个人周密地分了工，他们各管一摊，根本没有自己插手的余地。

　　怎么办呢？

　　同时分到其他部门的同学见她按兵不动，提醒她说："小宁，这是一个凭业绩吃饭的时代，你可不能这样站着看，你必须厚着脸皮去抢。该撬的墙脚就去撬，该圈的地就去圈，这没什么大不了的。"

小宁听了同学的话后，思虑再三，仍决定不抢别人的饭碗。她细心观察，耐心接听编辑部的求助电话——这是谁都不想干的活。一个月后，她通过接听电话，得到了一条宝贵的信息。依据这个信息，她回避了资深同事"以学校老师"为主体的采访路线，改走"学生家长"的路线，在科教文卫部首推"教育话题热线"，主持一个讨论性的栏目。这个栏目得到了一致好评，小宁由此在报社里站稳了脚跟。

"泰山不拒细壤，故能成其高；江海不择细流，故能就其深。"欲成大事者，一定要养成注重细节的好习惯，方能有所收获。

注重细节是一种素质，更是一种能力。对细节给予必要的重视是一个人的敬业精神和责任感的表现。若能从细节中发现新的思路，开辟新的领域，更能表现出一个人的创新意识和创新能力，不管是前者还是后者，都是老板十分看重的。具体来说，工作中的细节主要体现在以下6个方面：

1.保持办公桌的整洁、有序。

走进办公室，抬眼便看到你的办公桌上杂乱无章，堆满了信件、报告、备忘录之类的东西，会让人觉得你是一个不爱整洁的人。更糟的是，这种情形也会让你觉得自己有堆积如山的工作要做，可又毫无头绪，根本没时间做完。面对大量的繁杂工作，你还未工作就会感到疲惫不堪。零乱的办公桌在无形中会加重你的工作任务，冲淡你的工作热情。

美国西壮铁路公司董事长罗西说："一个书桌上堆满了文件的人，若能把他的桌子清理一下，留下手边待处理的一些，就会发现他的工作更容易些。这是提高工作效率和办公室生活质量的第一步。"因此,要想工作有效率,首先就必须保持办公环境的整洁、有序这一细节。

2.不把请假看成一件小事。

不要老是找一些借口去找老板请假,比如身体不好,家里有事,孩子生病……这样既会让老板反感,而且还会影响工作进度,很有可能导致任务逾期不能完成。即使你认为请假并不会影响到你的工作进度,那也不能轻易请假,因为你身处的是一个合作的环境,你的缺席很可能会给其他同事造成不便,从而影响其他人的工作进度。所以不要随便请假,更不要因为逃避繁重的工作或无关紧要的小事请假。在公司里,有很多人一旦所负的责任较平时重,便会产生逃避心态。其实,承担更大的责任是提升一个人工作能力的绝佳机会,抓住它,你的业绩就会更上一层楼。

3.办公室里严禁干私活、闲聊。

在办公室里干私活是绝对禁止的。一方面是因为工作时间内,公司的一切人力、物力资源,仅属于公司所有,只有公司方可使

用。任何私事都不要在上班时间做，更不能私自使用公司的公物。另一方面，就员工个人而言，利用上班时间处理个人私事或闲聊，会分散注意力，降低工作效率，所以将办公时间全部用在任务的完成上，是必要的，也是必需的。

4.在办公室把手机关掉或调到静音上。

上班时间不要随便接听私人电话，要记住，你的手机的声音会让身边的同事或上司反感，而这种反感的情绪又会直接影响到工作的情绪，最终导致个人乃至整个团队工作效率的降低。

5.下班后不要立即回去。

下班后要静下心来，将一天的工作简单做个总结，制定出第二天的工作计划，并准备好相关的工作资料。这样有利于第二天高效率地开展工作，使工作任务按期或提前完成。离开办公室时，不要忘了关灯、关窗，检查一下有无遗漏的东西。

6.适时关闭你的电脑。

除非必要，否则不要让电脑在上班时间一直开着，更不能借工作掩护上网、玩游戏、看DVD，如果工作时热衷于做这些事，只会浪费你有限的时间和精力，增加你的工作压力感，提高绩效自然也就无从谈起了。最好的做法是：在做完当天的工作，为明天的工作找好资料后就关闭电脑，控制自己上网、玩游戏的欲望。

注重细节，不仅是对员工的要求，也是企业发展的需要，更是成就大事不可缺少的基础。养成注重细节的好习惯，并能在做细的过程中找到机会，从而使自己走上成功之路。

第三章
敬业成就卓越

07 工作不仅仅
是为了谋生

现实中，有许多员工拥有令人羡慕的工作岗位，然而他们却不知珍惜，甚至把工作当成包袱和负担，对工作抱着敷衍的态度，只是"做一天和尚撞一天钟"。他们从来不思索关于工作的问题，只是被动地应付工作，为了工作而工作，为了工资而工作；只是机械地完成任务，而不是自动自发的工作。

其实，工作中包含了诸多的智慧、热情、信仰、想象和创造力。卓有成效和积极主动的人，总是在工作中付出双倍甚至更多的智慧、热情、信仰和创造力，并且能够在心灵深处将工作看作是深化、拓展自身阅历的一种途径，能够从工作本身寻找到许多乐趣和快乐。因为这样，工作给我们带来的，已经远远超出了工作本身的内涵，也就是说，工作已经不仅仅是工作，它成为我们的一种生活方式和生存方式，它是我们对生活的一种光明选择，它成为生活的一部分，为我们构筑起平静而有意义的人生。

反之，如果我们只是为了薪水而去工作，那么我们得到的只能是困乏，你会觉得公司是一个无聊、乏味的地方，没有任何乐趣。其实工作的乐趣是靠我们一点一滴去体会的，而我们怀着热情去工作，每当你完成一件工作时，你感悟到的"成就感"不是用金钱换来的，那样你会觉得工作充满乐趣，生活也会越来越充实，越来越充满活力。

当年，最伟大的高尔夫球明星保罗干的第一份工作是赶牛犁地。他跟在耕牛后面，用扫帚把儿赶牛。赶一天牛挣1美元，每天连续工作8个小时，连停下来吃饭的时间都没有，但保罗从来没有抱怨过。

赶牛犁地称得上是世界上最单调、最乏味的工作，但对保罗的一生都有好处，这份工作让他懂得了很多道理。

由于农场主老是盯着他，他每天都得准时上班。此后，无论保罗干什么工作都没有迟到过。此外，他还学会对雇主尊敬，忠心耿耿地干活儿。他从来不去寻找任何借口而逃避工作。

那时，保罗才6岁，可是他已经干大人的活儿了。家里需要他挣到的每一分钱，因为他父亲每周最多只能挣18美元。他们住在一座简陋的小木屋里，有三间房子，地面是土铺的，屋子里没有厕所。

能挣钱帮助父母养活两个弟弟和三个妹妹，保罗感到非常的自豪，这也使保罗有了自尊心。而对一个人来说，自尊心是最重要的东西之一。

保罗7岁的时候，在离家不远的一个高尔夫球场找了一份工作。他的工作是站在高尔夫球场平坦的球道上，看球具体落在什么地方，这样球手就能很快地找到球了。如果有一个球找不到就意味着要被解雇，但保罗从来没有给他的雇主这样的机会。

有时保罗躺在床上，梦想着打高尔夫球能赚好多好多钱，然后他就可以用这些钱给自己买上一辆新自行车了。

越是这么想，他就越觉得自己应该去打高尔夫球。于是，他用番石榴树枝和一根管子做了自己的第一根高尔夫球棒，然后把一个空罐头盒敲打成一个高尔夫球，再在地上挖了两个小洞，他一有空闲就把球打过来又打过去，像在地里干活儿那样专心致志。

就是凭着用番石榴树枝做的高尔夫球棒，保罗获得了"世界级高尔夫明星"的荣誉。

可见，如果我们积极主动的对待工作，工作就不再是一种负担，不再只是挣钱的手段，即使是最平凡的工作也会变得意义非凡。所以说，工作时，我们应该想到，你是在为自己而工作。当然，薪水的数目，对我们来说是多多益善，但应该记住，这是一个很小的方面，除工资外，别忘了心灵的满足。

社会就像一部大机器，是由轴、齿轮和许多小螺丝钉所组成的。对一部机器而言，轴与齿轮固然重要，但小螺丝钉也是缺一不可的。与其做一个自不量力痛苦不堪的轮轴，不如去当一个愉快的、积极的小螺丝钉。

第三章
敬业成就卓越

08 认真细致，精益求精

长期以来，我们追求不恰当的"中庸之道"，什么事情都不愿意琢磨如何做到最好，做到极致，而是讲求差不多就行，说得过去就可以，导致许多方面都比较欠佳。这对于个人的发展而言，就失去了和别人竞争的优势。随着企业对人才的要求不断提高，精益求精的精神就成了首要条件。因此，在工作中，最大限度地发挥我们的热情和兴趣，常怀进取心，不放松对自身知识的学习和技能的提高，做到精益求精，增强自己的竞争力，才能把握住成功的机会。

一位企业经营者曾这样说过："如今的消费者是拿着'显微镜'来审视每一件产品和提供产品的企业。在残酷的市场竞争中，能够获得较宽松的生存空间的企业，不是'合格'的企业，也不是'优秀'的企业，而是'非常优秀'的企业。你要求自己的标准，必须远远高于市场对你要求的标准，才可能被市场认可。"

美国一家公司在韩国订购了一批价格昂贵的玻璃杯，为此美国公司专门委派一位官员来监督生产。到韩国以后，这位官员发现，这家玻璃厂的技术水平和生产质量都是世界第一流的，生产的产品几乎完美无缺。

一天，他无意中来到生产车间，发现工人们正从生产线上挑出一部分杯子放在旁边。他上去仔细看了一下，没有发现杯子有什么特别之处，就奇怪地问："挑出来的杯子是干什么用的？"

"那些都是不合格的次品。"工人一边工作一边回答。

"可是我并没有发现它们和其他杯子有什么不同啊？"美方官员不解地问。

"你看，"工人拿起一个杯子指给官员看，"这里多了一个小小的气泡，说明杯子在制造的过程中漏进了空气。"

"可是这并不影响使用啊？"

工人很认真地回答说："我们既然工作，就一定要做到最好。任何缺点、缺陷，即使是客户看不出来的，对于我们来说，也是不允许的。"

"那么，这些次品一般能卖多少钱？"

"10美分左右吧。"

当天晚上，这位美国官员给总部写信汇报："一个完全合乎我们的检验和使用标准的、价值5美元的杯子，在这里却被在无人监督的情况下用几乎苛刻的标准挑选出来，只卖10美分。这样的员工堪称典范，这样的企业又有什么不可以信任的？我建议公司马上与该企业签订长期的供销合同，我也没有在这里的必要了。"

每一家公司要想在竞争中取胜，都必须设法先使每个员工在工作中精益求精。只有这样才能生产出让顾客满意的产品，才能为企业创造长久的效益,才能保证企业永续常青地发展。

工作贵在精益求精,一定要做到一厘一毫不放过,努力追求精确。差距就在"毫厘"处,问题也就出现在"毫厘"里。

在一次对外贸易活动中,由于工作人员的疏忽,将数字100.00万中的一点漏掉了,结果造成的损失高出100倍;还有一次贸易活动中,也是由于工作人员的疏忽,将一份重要函件的寄达地点——乌鲁木齐中的"乌"字多写了一点,变成了"鸟鲁木齐",导致函件无法按时寄达,耽误了约定的时间,使一宗大买卖告吹……

古往今来,这样多一点或少一点,失之毫厘、谬以千里,损失惨重的事故,教训深刻。它告诫我们:工作中,一定要细致,一定要精益求精。

要做到精益求精，就要有强烈的工作责任感，在工作中注意力高度集中。只有这样，才能防止发生差错，而且也会在"毫厘"之中创造出奇迹。对工作精益求精，就要养成万无一失的良好习惯。每处理完一件事情，都要坚持仔细检查，看看是否有漏洞、有差错，这样才能将问题消灭在萌芽状态。

我们要获得成功，就应当养成认真细致的工作作风，为自己的工作制定严格的标准，要自觉地由被动管理到主动工作，让规章制度成为自己的自觉行为，只有这样，才能真正的为企业创造价值，也才能最终实现自己的价值。

09 像老板一样工作

拿破仑说：不想当将军的士兵不是好士兵。其实，不想当老板的员工也不是好员工。尽管你现在并不是老板，但你一定要以老板的心态去做事，像老板一样去工作，这样你才会脱颖而出，成为一个老板最信任的人。

一位老总，只有30来岁，却已经拥有一家工程承包公司，下辖4个工程队。

在一次上课的时候，他给学员讲了这样一个故事：

在一个装修队里，有一个四川青年，个子不高但人很爽快，他不仅活儿干得漂亮，并且总是想办法给房主节省材料，什么钉子、胶水、木料等。他宁肯用自己的手试胶水的黏性，也不愿浪费房主的一块木板。这给房主留下了很深的印象。

在他要离开的时候房主问他："你每次都这么细致地给别人干活，不觉得亏吗？"

他一笑,说道:"活儿是给自己干的!"

房主非常吃惊,想不到这句好似富有禅机的话竟然是从一个民工嘴里说出来的。

这位小伙子说:

"我爷爷年轻的时候很穷,买不起房子,就每天做一块木板、一个钉子加到上面去。到了我懂事的时候,房子大了,也巴巴实实的(四川方言:结实的意思)。爷爷说,啥子都是一样的,你糊弄它,它就耍到你起(和糊弄的意思相近)。我给别人干活也就像盖房子,敲进去一颗钉子,加上去一块木板儿,活儿干得漂亮,人家给我传播好名声;干不好,人家给我传播坏名声。你说要哪样呢?

再说,主家看了高兴请我的客,我还不是开心的?你们北京同仁堂不就有副对联吗,'炮制虽繁必不敢省人工,品味虽贵必不敢减物力'……"

小伙子离开没多久,就接到一个让他去应聘的电话,而发出通知的公司,竟然是一家颇具实力的大型建材连锁店。

原来房主就是那家大型建材连锁店的总裁,他的一番话使房主下定了决心:一定要聘请这个小伙子到自己的公司。

10年的时间,这个来自四川农村的小伙子,从分店的经理做到区域总裁,最后成就了自己的一番事业。

结尾的时候,他说:"你们一定猜到了,那个小伙子就是我……"

正像美国著名成功学家拿破仑·希尔有句名言所说的一样:

"一切的成就,一切的财富,都始于一个意念。"

我们讲这个故事,并非说只要努力,你就一定能够成为公司老板或是哪个公司的总裁,而是说只要努力,只要付出比别人更多的工作热情,你的才华是不会被埋没的。前提是你必须把公司当成自己事业的舞台,以公司的主人翁心态去对待工作。

英特尔总裁安迪·葛洛夫应邀对加州大学伯克利分校为毕业生发表演讲的时候,曾对毕业生提出以下的建议:"不管你在哪里工作,都别把自己当成员工,而应该把公司看成是自己开的一样。事业生涯除了你自己之外,全天下没有人可以掌控,这是你自己的事业。你每天都必须和好几百万人竞争,不断提升自己的价值,增强自己的竞争优势以及学习新知识和适应新环境,并且从转换工作以及产业当中学习新的技巧。"

如果你是一个怀有创业梦想的人,就先让自己像一个老板那样投入地工作,用老板的心态做事吧。

而要想成为一名优秀的员工,也要像老板一样积极地工作,以老板的心态对待公司。一个员工在这个企业工作,企业就是你的,你就应该是公司老板。其实在任何一家公司工作,每个员工都应该有一种主人翁的心态:这公司是我的,我要为它的繁荣和发展贡献自己的才智和力量。

第四章
从平凡到优秀

　　一位名人曾经说过：生活的最大成就，就是不断地改变自己，以使自己悟出生活之道。我们的工作环境和外部的世界都在不断地变化着，如果我们停滞不前，迟早要被生活的洪流所吞没。每个人都应该把自己看成是一名杰出的艺术家，而不是一个平凡的工匠，应该永远带着热情和进取心去工作，这样，你就会从平凡走向优秀。

01 把困难当做机会，
　　把危机当做转机

　　每个人在一生中都会不断地面对"难题"或"问题"。从小到大，每个人都会经历困难，失败有失败者的问题，成功者有成功者的问题。而成功者所遇到的问题，绝对比失败者的问题多。每个人都有其自己的问题需要解决和处理，这个世界上唯一没有问题的人，就是那些已经被埋在地底下的人。

　　成功者与失败者之间最大的差别，就在于解决和处理难题的能力，以及遇到难题时所保持的态度，而面对难题的不同的态度，会造成不同的解决难题的能力。许多人在朝着目标或愿望行进的过程中，将所遇到的难题当作是他们成功的绊脚石。事实上，你在成功过程中遇到的各种难题不仅不是绊脚石，而且是实现目标的阶梯。当难题出现时，许多人的第一反应就是如何去摆脱它，或希望一脚把它踢开，或是视而不见地一脚跨过，但问题是你真能摆脱掉吗？当难题来临时，我们必须正视它。难题发生的原因是什么？找

第四章
从平凡到优秀

出它背后的原因并加以解决，若不去处理，只会产生更大的难题；若将难题当作一个怪兽去消灭，那么就在这个"怪兽"还未长大时消灭它。

进入公司后，很多年轻人就像"林黛玉进贾府"一样，诚惶诚恐，步步惊心，生怕自己犯了错误而被同事耻笑，给老板留下不好的印象。对经常出现的那些有一定难度的工作，从不敢主动发起"进攻"，而是选择逃避。在他们看来，要想保住工作，就要保持在熟悉的范围内。对那些有难度的工作，还是躲远一点的好，否则弄不好就有可能被撞得头破血流。如果你认为这是你在职场中生存的法则，那你就大错特错了。只要正视并解决你所遇到的问题，便可以从中学到无数宝贵的经验，扩充你的能力，所以，应将问题当成是你迈上成功之路的阶梯，每解决一个问题，你便向成功的顶峰又跨进了一步。所以你所遭遇及解决的问题越多，你所拥有解决问题的能力就越强，而你离目标也就越近，你所能达成的目标也就越大。也正因此得出一个结论：你一生的成就决定于你解决问题的能力，因为，困难就是机会，危机就是转机。

爱迪生在1877年开始了改革弧光灯的试验，提出了变弧光灯为白光灯，要搞分流电。这项试验要达到满意的程度，必须找到一种能燃烧到白热的物质来做灯丝，这种灯丝要经得住热度在2000度、持续1000小时以上的燃烧。同时用法要简单，能经受日常使用的击碰，要使一盏灯的明和灭不影响另外任何一盏灯的明和灭，保持每个灯的相对独立性，另外价格还要低廉，这在当时是很大胆的设想，需要下很大的工夫去探索，去试验。

对于灯丝用的物质，爱迪生先是用碳化物质做试验，结果失败了。后来，他又以金属铂与铱高熔点合金做灯丝试验，还做过上质矿石和矿苗共1600种不同的试验，结果都以失败而告终。但这时他和他的助手们已取得了很大进展，已经知道白热灯丝必须密封在一个高度真空的玻璃球内而不易熔化的道理。这样，他的试验又回到炭质灯丝上来了。他昼夜不息，每天清早三四点的时候，他才头枕几本书，躺在实验用的桌子上面睡觉。有时，他一天在凳子上坐着睡三四次，每次只半小时。他每天的工作时间，通常是十八九个小时。他的试验笔记簿多达200多本，共计4万多页。

到了1881年，爱迪生的电灯试验仍无结果，助手们也灰心了。有一天，他把试验室里的一把芭蕉扇边上缚着的一条竹丝撕成细丝，经碳化后做成一根灯丝，结果这一次比以前做的种种试验都优异，这便是爱迪生最早发明的白热电灯——竹丝电灯。这种竹丝电灯继续了好多年，一直到1908年用钨做灯丝后才代替它。爱迪生在这以后开始研制的碱性蓄电池，困难很大，他的钻研精神，更是十分惊人。这种蓄电池是用来供给原动力的。他和一个助手苦心孤诣

第四章
从平凡到优秀

地研究了近十年的时间,经历了许许多多的困难与失败,一会儿他以为走到目的地了,但一会儿又知道错了。爱迪生却从来没有动摇过,失败之后再重新开始。大约经过5万次的试验,写成试验笔记150多本,最后才成功。

爱迪生之所以能够取得成功,正是由于他有一种迎难而上的精神。如果在困难面前退缩了,他是不会获得成功的。

一个人不敢向高难度的工作挑战,是对自己潜能的画地为牢,这样只能使自己无限的潜能化为有限的成就。这时,不管你有多高的才华,工作上也很难有所突破。不得志之余,你会羡慕那些有卓越表现的同事,羡慕他们深得老板器重,说他们运气好。殊不知,每个人的成功都不是偶然的。这就好比禾苗的茁壮成长必须有种子的发芽一样,成功者之所以成功,之所以能得到老板的青睐,很大程度上取决于他们勇于挑战困难的工作。在竞争激烈的职场中,他们正是秉持这种精神,磨砺生存的利器,不断力争上游,脱颖而出。对老板而言,这类员工永远是他们最喜欢的。正如一位老板所说:"我们所急需的人才,是有奋斗进取精神、勇于向困难挑战的人。"

鉴于老板的这一需求,如果你渴望成功,渴望与老板走得更近一些,那么当一项艰难的任务摆在你面前时,千万不要退缩,要怀着感恩的心情主动接受它,并用积极的行动向所有人证明自己是优秀的。这样一来,你肯定能跻身于老板认可的行列,获得发展的机会。

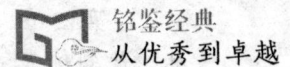

02 越想放弃的时候，越不能放弃

　　许多历经挫败而最终成功的人，感受"熬不下去"的时候比任何人都要多。但是，他们总能树立"成功就在下一次"的信念，并坚持到底。不要抱怨播下去的种子不发芽，只要你精心呵护，总会有收获的一天。人和竹子一样，往往也是"一节一节地成长"。在你最想放弃的时候，恰恰是你最不能放弃的时候！

　　进取心是成功的根本，没有一种向上向前的进取态度，任何成功都无从谈起。但进取既要有即知即行的"道根善骨"，也要有坚持到底的坚忍力。

　　什么是坚忍力呢？"坚"是坚持，"忍"是忍受，坚忍力就是在前进中遇到各种问题与困难时，能咬紧牙关忍受，不达目标誓不罢休。爱迪生说得好："失败者往往是那些不晓得自己已接触到成功就放弃尝试的人。"

　　人生总会遇到关口，这时候，会感觉到加倍的软弱和无力，认

第四章
从平凡到优秀

为自己不行了，便放弃了，于是功亏一篑。

莎拉娜是一家出版社的著名编辑，对工作十分负责。有一次，她组织编辑了一本畅销书，为了达到最好的发行效果，莎拉娜决定找人设计出最好的封面。

莎拉娜采取招标的方式，找了很多人设计封面。封面一个个拿上来了，又一个个被她否定了。按一般出版社的惯例，一本书的封面设计，有3到5个样稿就可以做选择了。但是莎拉娜这次格外精益求精，竟然选了10多个样本。

她的这种做法，连同事都觉得过分了：不就一个封面吗？干吗这样较真呢？她一共看了20个样本，都觉得不满意，无法作出最后

的选择。这时书籍出版的时间越来越紧了，不能够再等了。莎拉娜就对自己说："看来只能放弃了，就从这20个中选一个吧。"

但是，有个声音在心底告诉她：即使有这么多的封面，可是真正需要的还是没有找到。不能放弃！于是，莎拉娜决定再坚持一次！

当第21个封面出现在她面前的时候，她喜出望外——不错，就是它！果然，这本书有了这个封面，宛如锦上添花，很快畅销全国。

事后，莎拉娜感慨地说："不管干任何事情，最关键的是不要轻易放弃——越想放弃的时候越不能够放弃。当你觉得再也无法突破的时候，你一定要逼迫自己更向前走一步，成功就在下一次！"

的确，在工作中，一些人之所以没能成功，并非没有努力，而是在遭遇到困难之后，在接近成功的前夕，他们放弃了努力。而最后成功的人，总是抱着"成功就在下一次"的信念，继续努力，最终柳暗花明。

人们在遇到困难、挫折时，总是会充满战栗和紧张感，你会深深感到那种失去自我保护的痛苦，那种类似母亲分娩的痛苦，这时候，你必须将力量集中到一点上来。闯得过去就意味着你上了一个台阶，闯不过去，就意味着成长的失败。

因此，人生的"关键"时刻，往往是生命的紧张和痛苦汇集到一起的时候，你必然会比平时感到加倍难受，但这是好事。如果缺少生命颤抖般的战栗和紧张感，那就意味着你还没有触及成长的关键点，最终难以有所成就。所以，你要勇于承担那种"建设性的痛苦"。

1948年，牛津大学举办了一个"成功秘诀"讲座，邀请丘吉尔前来演讲。当时,他刚刚带领英国人赢得了反法西斯战争的胜利。他是在英国人最绝望的时期上任的,赢得了这样的胜利,他此时的声誉已近登峰造极。

新闻媒体早在3个月前就开始炒作,大家对他翘首以盼。这一天终于到来了,会场上人山人海,人们都准备洗耳恭听这位伟人的成功秘诀。

不料,丘吉尔的演讲只有短短的几句话:"我成功的秘诀有三个:第一,决不放弃;第二,决不、决不放弃;第三,决不、决不、决不能放弃!我的讲演结束了。"

丘吉尔说完就走下了讲台。会场上鸦雀无声,一分钟后,会场上爆发出了雷鸣般的掌声……

这是一个何等震撼人心的总结啊!丘吉尔用他一生的成功经验告诉人们:成功根本没有什么秘诀可言,如果真有的话,就只有四个字:永不放弃!

请记住这样一句名言:成功最大的障碍,就在于放弃。人生就像爬阶梯一样,必须一步一个台阶,丝毫取巧不得;只要一步一阶,终必到达山顶。

03 做好自己的分内事

工作的平凡与伟大不在于工作本身,而在于对待工作的态度。清人金缨说:

收吾本心在腔子里,是圣贤第一等学问。

尽吾本分在素位中,是圣贤第一等工夫。

宇宙内事,乃己分内事;己分内事,乃宇宙内事。

"收吾本心在腔子里""尽吾本分在素位中",就是说我们面对平凡的工作,心中存有一股认真去做的念头,在本分的工作中尽心尽力。如果你想做"圣贤",就必须把自己的分内事做好。换言之,人要是有了这种态度,那就是平凡岗位上的"圣贤"。

当今的时代是市场经济时代,如果说古人强调"尽吾本分在素位中",是一种出于道德的修养的话,那么在今天,尽力尽心地做好本分的工作,就是市场经济社会的必然要求。不做好自己的分内事,个人可能会因此丢掉工作,从而失去谋生手段,整个社会也

第四章
从平凡到优秀

会陷入混乱。这是因为，在市场经济中，社会在一定意义上是一个"我为人人，人人为我"的组织。

现代社会中，来自生活、工作等各方面的压力让人喘不过气来。面对压力，不同的人在用不同的方式对待自己的工作。

许多人认为自己的工作低人一等，所以他们轻视自己的工作，在工作中敷衍塞责，得过且过，而将大部分时间、心思用在如何摆脱目前的工作环境上。他们身在工作中，却没有认识到自己的工作价值。每个人都应该知道，工作没有高与低之分。不管你从事的是什么工作，不管你身在哪个岗位，只有尽本分，才能对得起工作，对得起自己。

尽本分，最重要的是这对我们自己有利。你要保住饭碗，要获得薪水，还想升职加薪，你就要兢兢业业做好你眼前的这份工作。没有一个老板会喜欢雇用一个不负责任、得过且过的职员。尽本分，也对他人、对社会有利，一个尽职尽责的人会受到他人和社会的尊敬。所以我们没有理由不尽本分。

尽本分应该是一种自觉的工作态度。这种自觉，来自于我们对自己工作的意义的理解，来自于对工作的热爱和自豪感。如果我们只是把工作看作是纯粹糊口的手段，我们就很难对它产生热情，工作起来自然会毫无生气。

每个人都希望自己能拥有一份理想的职业，从事自己感兴趣的工作，但世事经常难遂人愿。也许将来你会有机会重新选择一份合适的工作，也许你会在当前的这份工作岗位上一直工作下去，但无论将来怎样，你都应该努力把眼下这份工作做好，同样要尊重这份你不大喜欢的工作，同样要尽本分，因为这个工作对你、对他人对社会都是有利的。也许你不喜欢它，是因为你还不了解它的意义。当你真正投入了，了解了，熟悉了，很有可能你会喜欢上它。如果你最终发现它不适合你，你可以把它当做你新的职业或工作的预备课，预备课你也要认真读，哪能敷衍了事呢？

经济学家茅于轼在《中国人的道德前景》一书中说："一个商品社会的成熟程度可以用其成员对自己职业的忠诚程度来衡量。社会成员具有强烈的职业道德意识是商品经济长期锤炼的结果。一个人如果不尽本分、不忠于自己的职守，必然被老板淘汰，不像在德行的其他方面，如有什么缺点还不致立刻威胁到自己赖以谋生的手段及饭碗。"

所以，我们应该认真、负责、高质量地做好自己的工作，不论老板有没有看着自己。即便某些人鄙视我们的工作，但只要它是有益的，我们就不必自惭形秽。这样，你迟早会脱离平凡。

卡罗琳毕业后，先在一家广告代理公司担任打字员。虽然她没有出色的外表，但她对工作要求极高，她下定决心："既然要当秘

书，就要当最出色的秘书。"这也成了她一贯的工作态度。

她勤奋好学、尽职尽责，在很短的时间内便得到了提升，先后担任了编辑部主任、记录公司总经理、广告代理公司总经理。

无论何时何地，无论从事什么工作，卡罗琳总是坚持"做好本职工作"这一原则，努力锻炼自己的观察力、判断力。而她的见识与能力也因此不断提高，对于问题，她总能很快找出症结所在。她现在已经成为一家大公司的总经理。

一个著名的企业家说："职员必须停止把问题推给别人，应该学会运用自己的意志力和责任感，着手行动以处理这些问题，真正承担起自己的责任来。"

在完成一项任务的过程中，如果遇到问题，不要逃避，更不要推给别人，你必须想办法自己解决它。很多人可能会说"我根本没有能力做到这一点""我没有这方面的经验""我手头的权力和可调用的资源不足以把事情摆平"……

但事实并非如此，很多时候，问题并没有我们所想的那么严重，只要我们不去寻找做不到的借口，不去想着推给别人，强迫自己去解决，我们通常都能很好地解决它。所以，遇到问题先别忙着把它扔出去，只要你冷静下来观察和分析，就能认清问题，并找到解决它的办法。

一个孩子放学回家时发现家里没人，而自己又没带钥匙，进不去家门。于是他便尝试用其他的钥匙拨弄门锁，但失败了。后来他又企图从窗户爬进去，但窗子太高而且里面被别住了。种种尝试都失败之后，他开始坐在门前的台阶上哭泣，并委屈地唠叨着："所有的办法都试过了，但都不行，怎么办呢？"这时，他的邻居走了过来，并拍拍他的后背说："孩子，你并没有尝试完所有的办法，你还没有向我求助。"说着，从兜里拿出一串钥匙："你妈妈走之前，把钥匙放在了我家。"

工作中我们也是一样，总认为自己已经想破了脑袋，进行了所有的尝试，但事实上并没有，在你进行了多次尝试仍没有任何头绪的时候，你可以向同事或上司求助——请注意，只是"求助"，而不是把包袱丢给他们自己走掉。他们可能能够为你提供一个思路更加清晰的解决之道。

请把"问题到此为止"作为自己的座右铭，遇到难题时，就用它来约束自己，防止自己临阵脱逃，依靠自己解决问题，是一种高度负责的精神，是成就卓越的基础。

总之，我们每个人都要端正工作态度，把心沉下来，兢兢业业做好自己的分内事。不论工作水平高低，都要以爱岗敬业为前提，干一行，爱一行，全身心投入工作；不论在工作中遇到什么问题，都不要逃避，要依靠自己去努力解决。只有做到这些，你才能安于工作，有所作为。在工作中更要不断学习，并能学以致用，循序渐进地提高自己的业务能力，实现自己的价值。相信是金子总会有发光的一天。

不要忘记我们自己的责任，更不要忘记我们的使命。快乐坦然地接受工作中的一切，踏实做好自己的分内事吧！

04 没有目标
就不会有高绩效

杰出人士与平庸之辈的根本差别并不是天赋、机遇，而在于有无目标。不少人终生都像梦游者一样，漫无目标地游荡。他们每天都按熟悉的"老一套"生活，从来不问自己："我这一生要干什么？"他们对自己的作为不甚了了，因为他们缺少目标。

在生物界中，有一种专在松树上结网筑巢的毛毛虫。每当夜幕降临时，它们就会集体外出觅食。排成纵队，一只紧跟着一只。

一天，一位法国昆虫学家突发奇想，做了一个有趣的实验：他将一队毛毛虫引到一个花盆旁边，让毛毛虫围成了一个圆圈，然后在花盆中间放上可口的松叶。结果，毛毛虫一只接一只，绕着花盆边沿转了一圈又一圈。每一只毛毛虫都紧紧跟随着前一只，没有一只清楚它们的目标到底是什么。七天七夜之后，整队的毛毛虫都因饥饿而死去。

没有目标的行动与梦游没有什么两样。如果你在工作时没有目标，你就不知道自己的前进方向，你就会谨小慎微，裹足不前。这样自然不利于提高工作速度，更不要说什么更高的绩效了。如果你想让现有的效率有所突破，达到更高的水平，首先必须给自己确定一个目标。猎豹是众所周知的捕猎高手，它之所以有如此好的捕猎成绩，是因为它在每次捕猎行动前，总是先锁定一个清晰的捕猎对象。

目标是本，任何一项工作都必须以目标为中心。它是一种"行动的承诺"，是你前进的动力，帮助你达成你背负的使命，它同时又是一种"标准"，借以衡量你的行动绩效。对于一名员工而言，只有把注意力凝聚在目标上，你才能清楚地懂得自己应该做什么，应该怎样做，并能准确地评价自己做得怎么样。也只有了解了这些，你才能更好地执行工作任务。

为自己设定的目标必须是明确的，否则你付出的努力再多也是白费。这就犹如一个弓箭手，如果无法看清靶心，姿势摆得再正确、弓拉得再满，也没有多大的实际意义。

清晰的目标可以让你少走弯路，是你制定工作计划、明确工作责任的基础。清晰的目标会维持和加强你的行动动机，让你总能有足够的动力推进工作，创造更大的价值。

法拉第是英国一位农村铁匠的儿子。一开始，他在一家商店当店员。22岁那年，到英国皇家研究院当了一名助手，干一些洗烧杯、洗试管、准备实验用品等琐碎的事情。

一天晚上，法拉第看到丹麦物理学家奥斯特的一篇文章，里面写到他在做实验的时候偶然发现，一段导线用电池通上电流后，能使附近的磁针摆动。

法拉第怀着极大的兴趣，找到电池、导线、磁针，自己也尝试着做了这个实验。简直像"魔术"一样，导线一通上电流，附近的磁针就像有一只无形的手在拨动，灵活地偏向一边。更有趣的是，通电导线放在磁针上面，磁针偏向一边；放在下面，磁针又偏向另一边了。

法拉第被这个奇特的现象迷住了。他由此联想："电能够使磁针转动，磁可不可以产生电呢？"

法拉第当即就在笔记本上写下了"磁转化为电"几个字。

就像在迷雾中的航船突然看到灯塔的闪光一样，法拉第产生了这个想法，并把它确定为自己的奋斗目标。

不知进行了多少次艰难的实验，不知失败了多少次，也不知道熬过了多少个不眠的夜晚，却始终没有像他想象的那样磁产生电流。然而，法拉第毫不气馁，继续进行探索。

有一天，他把铜丝缠在一个圆筒上，把铜丝的两端接在电流计上，然后又把一根磁石插入筒内，万万没有想到，刚一插入，电流计的指针竟动了一下，他忙把磁石抽出来，意外的是电流计又动了一下。

他简直不敢相信自己的眼睛，总以为电流计出了什么毛病。于是，他把磁石在铜丝筒里插入、拔出，一连试了好几次，电流计确确实实随着磁石在铜丝筒内的不断移动而来回摆动。他兴奋得像个孩子，欢呼跳跃起来。成功了！电流产生了！

不懈地努力，终于使美好的愿望变成了现实。法拉第做出了自己的结论："磁能变成电，这是确定无疑的！有了磁石，有了铜线圈，再加上运动，电流就能产生出来。运动停止，电流也就随即消失了。"

后来，法拉第根据自己实验的结果，创造出世界上第一台发电机。

树立明确的目标，需要你充分地给自己做出准确的定位，根据自身的实际情况制定目标。成功学大师拿破仑·希尔说："我们不能把目标放在真空里，因为目标指挥我们的注意力朝向问题的解决或机会的掌握。你必须配合自己的需要、希望，看什么需要留意。"随着外界大环境的不断变化，一个人的欲望和需要也时刻处于变化之中。因此，你必须经常审视自己的需要，并随着时间、环境等客观因素的变化来调整我们的目标。这样，你的目标才不会偏离正确的方向。

清晰的目标应该具有"择要性",而非包罗万象,涵盖一切。古往今来,凡是有成就的人都很注意把精力用在一个目标上,专心致志,集中突破,这是他们成功的最佳方案。狄慈根指出:"如果一个人不把他的全部心灵用在某一件事情上,他就不可能有什么大的成就。"歌德也曾这样劝告他的学生:"一个人不能骑两匹马,骑上这匹,就要丢掉那匹,聪明人会把凡是分散精力的要求置之度外,只专心致志地去学一门,学一门就要把它学好。"只有集中有限的精力,才能最大限度地做好自己的工作。

所以,在为一项工作制定目标时,必须遵循以下3条原则:

(1)放弃完美化的要求,从现实入手;
(2)推迟大的决策,从小处着手;
(3)切断退路,让自己别无选择。

伟大的目标必定是面对未来的。但这个目标往往距离现实太遥远,人们在日常的工作生活中很难看到明显的成果。同时人类又有一个普遍的心理:如果工作到了一定的时间和程度,仍没有看到绩效和成果,就会产生焦躁不安和厌倦的情绪,对手中的工作失去兴趣。这样就很难调动起自己的工作积极性与热情,自然会使工作止步不前。

在这种情况下,你可以通过设定分段目标来解决这个问题。把大的目标分成一个一个。相对于大目标来说,小目标是成绩的最好显示器,它更容易让你在较短的时间看到成果。这对每个人来说都是最好的激励。而当你一步一步地完成这些小目标的时候，最终的大目标也就实现了。

有了明确的目标之后，你还需要有具体的实施计划才能实现目标。只设定了目标是不够的，因为设立目标只是为自己确定一个方向，只是明确了"做什么"，而实现目标则需要考虑"如何去做"。你要为自己的目标制定一个计划，把你的目标想象成一个金字塔，塔顶就是你的人生目标，你定的目标和为达到目标而做的每一件事都必须指向你的人生目标。

索柯尼石油公司的人事经理保罗·波恩顿，在其工作的20年内，曾经面试过8万名应聘者，并且出版过一本书——《获得好工作的6种方法》。人们经常问起他这样一个问题："你觉得现在的年轻人在求职的时候，什么最重要？"

"知道自己想要什么，"他回答，"这也许会让人觉得很意外，但是事实的确如此，很多年轻人花在影响自己未来命运的工作选择上的精力，甚至还没有花在研究去哪儿吃中餐的时间多，这是一件非常奇怪然而又非常悲哀的事情，要知道，未来的幸福和生存完全依赖于这份工作。"

锁住目标是高绩效的基础。一个人要想取得高绩效，就必须先拟定一个清晰、明确的"绩效指南针"，也就是奋斗目标，而为了达到这个目标，就必须运用合理而有效的克服危机"战术"——为了实现"指南针"而采用的手段。只有盯住目标，你的奋斗和努力才会有意义，工作能力才会随着目标的逐步实现不断提高。

第四章
从平凡到优秀

05 寻找自己的最佳位置

在闲暇之余，你花时间静思自己、读一读自己了吗？在工作、生活中，你找到自己的位置了吗？你怎样给自己定位？将来你是否想成就一番事业？

现实生活中，许多人有能力、有头脑、有时间，可是所取得的成绩却往往不尽如人意，究其原因，就在于个人定位出现偏差。每个人只要正确地审视自我，寻找自己的最佳位置，并充分发挥自己的聪明才智，成功的可能性就会大大增加。

嘉芙莲女士原是美国俄亥俄州的一名电话接线员，天赋加上长期的职业锻炼，让她的口齿伶俐、声音柔和动听以及态度热诚，在当地很有"口碑"，受到用户的普遍赞赏。嘉芙莲是个胸怀创业大志的人，她不想一辈子就当一个普普通通的电话接线员，她想开创自己的事业。

嘉芙莲知道商场如战场，任何不着边际的空想都只能是画饼充饥，一定要从自己的实际情况出发，寻找自己的所长与社会所需的结合点，找到适合自己的最佳位置，干出自己的一番事业。从这种观念出发，她回头审视自己，脑中出现了一个不错的想法：利用自己的天赋条件成立一家电话道歉公司，专门代人道歉。

人与人之间的摩擦是在所难免的，如果不妥善处理，摩擦所造成的伤害、裂痕会越来越大；有时候一个小小的误会，因话不说明白，结果误会越闹越大。但是不管是摩擦还是误会，当事人担心自己在关键时候不能保持冷静，都希望有人从中代为疏通，既不丢自己的面子，又能给微妙的人际关系加点润滑油；既避免了当事人面对面的尴尬，又能够有效地化解人们之间的不愉快。因此，嘉芙莲的电话道歉公司很受当地人的欢迎。她的道歉开场白是这样的："你好！我是嘉芙莲，是电话道歉公司的，我受某某的委托向你转达歉意……"口齿伶俐，声音柔和动听，加上她诚恳的态度，让大多数的当事人都能接受她的道歉工作，怨气平息。

每一个人对自己的人生道路，对自己的定位都应进行一番设

第四章
从平凡到优秀

计,这样就可以少走弯路,事半功倍,早日成功。而要做到定位准确,一个重要的前提,就是认清自己。

认清自己在个人定位中起着举足轻重的作用。

然而知人难,知己更难。哲学家亚里士多德说过:"对自己的了解不仅仅是困难的事情,而且也是最残酷的事情。"

由于认清自己的残酷性,很多人选择了逃避。这是正确定位坚决不允许的。事实表明,定位准确度的高与低在很大程度上取决于你对自身的认识程度。你对自己认识得越清楚,了解得越透彻,定位就会越准确。定位越准确,工作时才能越发得心应手。

认清自己,简单地说,就是了解自己的特长和优点。

尺有所短,寸有所长。每个人都有缺点,都有不足,同样也都有优点,都有特长。要想进一步加快工作进度,了解自己的主要特长和优势是必需的,这也是你找准自己位置的根本依据。

一个人只有去从事与自己的特长相符合的工作时,才能实现资源的最佳配置,工作起来也才会游刃有余。如果你不知道自己的特长、自己的优势是什么,不从自己的长处着眼定位,而是反其道而行之,从自己的短处出发,久而久之,你就难以摆脱"高智商低绩效"的命运。

在现实中,你给自己定位的标准是什么?是以社会地位、威望、体面、金钱等元素作为定位标准,还是根据自身实际,以最能充分发挥自身特长为标准?

如果答案是前者,很遗憾,你正在犯一个愚蠢的错误。这个定位标准只会蒙蔽你的心智,阻碍你的特长的发挥。在工作中,你只是被动地应付,根本无法高质量地完成任务。但如果你选择后者,那么在工作中，你就能调动起自身的全部才能，出色地履行自己的职责，把工作做得更加完美。

打个比方说，让你手中拿着一本自己很感兴趣的书站在墙根，一只脚踏地，一只脚向后蹬在墙上，你很可能可以持续很长时间保持这种姿态，丝毫不会感觉到累，相反，你还会其乐融融。但假设你的手中没有了那本令你着迷的书，再让你以相同的姿态站在墙根下，相信用不了几分钟，你就会心烦意乱，感到腰酸腿痛，坚持不下去了。对待工作的态度与其道理相同。

如果你很幸运，已经为自己找到了最佳的位置，这的确是一件可喜可贺的事情。但是一个人的特长不是固定不变的，会随着时间的推移、环境的变化而不断变化。这种变化轨迹多呈曲线，一般是开始向上增长，当增长到最高值的时候，特长便不再增长，经过一段时间的平台期后，就会向下衰退。所以，一定要根据自身特长的变化曲线，及时调整自己的职业位置，这样你才会在工作的各个阶段均能成就卓越。

第四章
从平凡到优秀

06 用心做事

用心做事就是要我们用自己的真心、诚心、良心去做事，如果我们只是努力而不用"心"去做事，那么我们可能不会达到预想的结果而偏离了方向。

不管什么工作，机械性地去做永远做不出业绩来。机械的结果只能使工作更加无聊。要想工作有滋味，要想工作有成绩，就要用上自己的大脑，用心做事才能把事情做好。

纳杰夫是美国一家肉类加工公司的执行经理。有一天，他像往常一样阅览当天报纸时，突然从报纸上一个不引人注目的地方发现了一条短讯。这条短讯披露墨西哥发现了怀疑是瘟疫的病例。纳杰夫认为这是一条对自己工作十分有用的信息。他想，如果墨西哥真的发生了瘟疫，一定会从加利福尼亚州和得克萨斯州边境传染到美国。而这两个州又是美国肉食供应的主要基地。一旦发生瘟疫，肉价一定会猛涨。

　　想到这些后,他抓起电话,拨通了一位朋友的电话,问他要不要到墨西哥去旅行。这位朋友被这突如其来的提议弄得莫名其妙,不知如何回答。于是,纳杰夫约这位朋友面谈。

　　纳杰夫说服这位朋友替他到墨西哥去一趟,了解一下那里是否真的发生了瘟疫。经调查证实了那里确实发生了瘟疫。

　　纳杰夫立即根据这个情报,给公司董事会和总经理写了一份紧急建议,并着手制定了一份计划:集中全部资金购买加州的肉牛和生猪,把它们及时送到美国东部。公司的总经理和董事会对纳杰夫的建议高度重视,立即召开了高层会议,听取纳杰夫的报告,并按照他的计划开始行动。两个月后,瘟疫蔓延到了美国西部的几个

第四章
从平凡到优秀

州,美国政府下令,这几个州的一切食品都要从外地进货,当然也包括牲畜在内。

于是,美国国内市场肉类奇缺,价格暴涨,纳杰夫的公司抓住这一机会,及时把囤积在东部的肉牛和生猪高价出售。结果,在短短的几个月内,公司便净赚了5000多万美元。而纳杰夫也因为及时捕捉到了这一信息,获得了公司50万美元的奖励,并被提拔为公司的副总经理。

作为一名职场人员,用心做事才能够及时地捕捉到对自己工作有用的信息,并在自己的工作和事业上开创出一片新的局面。所以,日常工作中,要认真负责,不放过工作中的每一个细节,并能主动看到细节背后透露出的信息。只有用心,才能见微知著。

我们处在一个信息爆炸的时代。有时候,只要我们用心,就可能因为别人的一句话,获得对我们工作和事业有莫大帮助的信息。

京都龙衣凤裙集团公司总经理金娜娇,这个富有传奇人生的女性,凭着自己的能力,从一名曾经遁入空门、卧于青灯古刹之旁、皈依释家的尼姑,到涉足商界、创造了总资产过亿元的成功人士。

也许正是这种独特的经历,才使她能从中国传统古典中寻找到契机,又是她那种打破砂锅、孜孜追求的精神才使她抓住了一次又一次商机。

1991年9月,金娜娇代表新街服装集团公司在上海举行了隆重的新闻发布会,在返往南昌的回程列车上,她在和同车乘客的闲聊中,无意中得知清朝末年一位员外的夫人有一身衣裙,分别用白色和天蓝色真丝缝制,白色上衣镶了100条大小不同、形态各异的金龙,长裙上绣了100只色彩绚烂、展翅欲飞的凤凰,被称为"龙衣凤裙"。金娜娇听后欣喜若狂，一打听得知员外夫人依然健在，那套龙衣凤裙仍珍藏在身边。最后经一番虚心请教，她得到了"员外夫人"的住址。

这个意外的消息对一般人而言，顶多不过是茶余饭后的谈资罢了，有谁会想到那件旧衣服还有多大的价值呢？但对于懂行的她来讲，这无疑是一个好机会。她当即改变返程，马不停蹄地找到那位近百岁的老夫人。作为时装专家，当她真正看到那套色泽艳丽、精工绣制的龙衣凤裙时，还是被惊呆了。她敏锐地感觉到这种款式的服装大有潜力可掘。

于是，金娜娇来了个"海底捞月"，毫不犹豫地以5万元的高价买下这套稀世罕见的衣裙。机会抓到了一半，开端就比较运气、比较顺利。把机遇变为现实的关键在于开发出新式服装。回到厂里。她立即选取上等丝绸面料，聘请苏绣、湘绣工人，在那套龙衣凤裙的款式上溶进现代时装的风韵。一年后，设计试制成当代的龙衣凤裙。

结果，在广交会的时装展览会上，"龙衣凤裙"一炮打响，国内外客商潮水般涌来，订货额高达1亿元。

在工作当中，发生一些偶然的事件是避免不了的，一些偶然的机会常常隐藏着工作和事业上的巨大契机，如果我们能够认识到这一点，不断地从偶然的机会中挖掘对自己有用的信息，将会对自己的事业产生莫大的帮助。另外，善于从偶然的机会中挖掘对自己有用的信息，也可以不断地挖掘出自身的潜力，让自己创造出更辉煌的工作业绩。

在清朝顺治年间，有位王姓青年到北京的一家剪刀作坊里当学

第四章
从平凡到优秀

徒。有一天，师娘为师傅炖了一只鸡，鸡炖好了端出来，放在他和师傅打造剪刀的桌子上晾着，桌子下面是盛着鸡血的盆。

工作中，这位王姓青年一不小心失手将剪刀掉进了鸡血盆里。他慌乱中弯腰去捡，又碰翻了桌上的鸡汤，滚烫的鸡汤溅到了他的脸上，烫得他满脸水泡。当他从鸡血里捞出剪刀擦干后发现，这把剪刀格外明亮锋利。从这次失误中他发现，把打造好的剪刀放在动物的血里会使其更加锋利。从此以后，他打造的剪刀越来越畅销，名气也越来越大。

因为他脸上被鸡汤烫伤起了一脸麻子，人们因此称他打造的剪刀为"王麻子剪刀"。到了后来，"王麻子剪刀"成为了一个著名的剪刀品牌。

工作中的失误往往潜藏着许多对自己有用的信息。因此，一旦在工作上出现了失误，千万不要悲伤沮丧，而要积极地分析失误的缘由，化被动为主动，让工作向更好的方向发展。

07 独立思考，
　　做对的事情

　　一个人一生中学到的最有价值的东西就是学会依靠自己，信赖自己的能力。如果一个人不学会自立，不会独立地工作和生活，就会失去敏锐的判断力，就会成为一个弱者、一个失败者。

　　一个人在任何时候都必须保持清醒的头脑，对自己的工作进行深入思考，并按照自己独立思考后所确定的标准，指挥自己的行动，这样才能够赢得别人的尊重，取得工作上的高绩效。例如，我们提出一项工作方案时，常常会听到许多人的反对意见，他们的这些意见都是从自己的角度出发考虑问题。面对这种情况，如果不能保持清醒的头脑，盲从别人的看法和议论，不敢坚持自己的想法，我们就会犹豫不决，错失良机。

　　一个缺乏独立思考的人，往往根据别人的看法来辨别是非，按照别人的想法来为人处事，结果丧失了独立的个性，影响了自己的工作和事业。

第四章
从平凡到优秀

　　生活中有许多人经常犯这样的错误：在做事或处理问题时没有独立思考的能力，总觉得自己不可能超越其他的人，结果，自己把自己给毁了。

　　有位才女不但琴棋书画无所不通，口才与文采也是无人可比。大学毕业后，在学校的极力推荐下，才女去了一家小有名气的杂志社工作。谁知就是这样的一个让学校都引以为自豪的人物，在杂志社工作不到半年就被炒了鱿鱼。

　　原来，在这个人才济济的杂志社内，每周都要召开一次例会，讨论下一期杂志的选题与内容。每次开会，很多人都争先恐后地表达自己的观点和想法，只有才女总是悄无声息地坐在那里一言不发。她原本有很多好的想法和创意，但是她有些顾虑：一是怕自己刚刚到这里便"妄开言论"，被人认为是张扬，是锋芒毕露；二是怕自己的思路不合主编的口味，被人看成是幼稚。就这样，在沉默中她度过了一次又一次激烈的讨论会。有一天，她突然发现，这里的人们都在力陈自己的观点，似乎已经把她遗忘了。于是她开始考虑要扭转这种局面。但这一切为时已晚，没有人再愿意听她的声音了，在所有人的心中，她已经根深蒂固的成了一个没有实力的花瓶人物。最后，她终于因自己的过分沉默而失去了这份工作。

一个无法独立思考、对工作做出正确判断的人，即使对上司再谦恭服从，也难逃被辞退的命运。因为没有一个企业需要一个毫无主见的"应声虫"。同样，在生活中，我们也必须有独立思考的能力。

格伦·琼斯是琼斯闭路电视网有限公司的主管。早年，当他提出要创立一所以闭路电视为主的空中大学时，许多银行家和投资人都对他这种想法持反对态度。但是，在经过许多个日夜的斟酌后，他确信自己的这一想法是个好主意，便按照自己的想法行事，而后来的发展恰恰证明他这种想法的正确性。

独立思考才能对自己的人生做出正确的判断，而不是在关键时刻丧失自己的主见，随波逐流，屈从于他人。

索菲娅·罗兰是意大利著名影星，因为精湛的演技，曾获得1961年度奥斯卡最佳女演员奖。

在她年轻的时候，当她来到罗马，要圆演员梦时，却听到了许多消极的话语。有许多演艺圈的人说她个子太高、臀部太宽、鼻子太长、嘴太大、下巴太小，根本不像电影演员，更不像一个意大利式的演员。制片商卡洛看中了她，带她去试了许多次镜头，但摄影师们都抱怨她成长这个样子，根本无法把她拍得美丽动人。最后，卡洛对她说："如果你想干这一行，就得把鼻子和臀部动一动手术。"

但是，索菲娅·罗兰断然拒绝了："我为什么非要长得和别人一样呢？我知道，鼻子是脸庞的中心，它赋予脸庞以性格。我就喜欢我的鼻子和脸保持它的原状。至于我的臀部,那是我的一部分,我只想保持我现在的这个样子。"

　　索菲娅·罗兰决心不靠外貌,而是靠自己内在的气质和精湛的演技来取胜。她没有因为别人的议论而停止自己奋斗的脚步,反而因为坚持自己的想法,获得了成功。当她成功之后,那些关于她"鼻子长、嘴巴大、臀部宽"的议论不但自动停止了,而且还被评为"20世纪最美丽的女性"之一。她在自传中写道:"自我开始从影起,我就按照自己的想法行事,我谁也不模仿,也从不去奴隶似的跟着时尚走。我有自己的想法,也有自己的判断,我只要求我就像我自己。"

　　中国有句话叫做"三思而后行",意思是说我们人生和事业必须要有缜密的思考。懒于思考、不会独立思考的人,往往随波逐流,一生也不会有多大的作为。

08 了解自己的工作，
   并发现其中的问题

美国通用电气公司前总裁杰克·韦尔奇指出："一个人最重要的素质就是他的工作速度。"速度是决定成败的关键。一个工作速度快、处理问题速度快、适应环境速度快、对意外情况反应快的员工，肯定会取得优异的工作成绩，成为老板心目中最优秀的员工。然而，一个人要想快速做好自己的事，必须首先了解自己的工作。

工作中的绝大多数员工并不了解自己的工作。他们只不过是接受了命令，然后按照指示做出一些机械的行动而已。

这里所讲的了解工作，并不是说你清楚你的工作属于什么性质，工作宗旨是什么。"了解工作"的真正含义，是你应该了解你的工作每天的发展方向，你具体应该做哪些，工作进行得如何，以及工作进度对企业总目标的影响等。

要想了解工作，具体的做法是：建立与老板的沟通渠道，多问多听。每一位员工都应该具有与老板经常沟通的习惯。只有这样，

第四章
从平凡到优秀

你才能弄清工作的原委。此外，还应利用同事间的良好的人际关系，进一步了解自己的工作。"你能告诉我有关的情况吗？""你是怎么想的？""你认为这项任务的着手点应该在哪儿？""你能解释上司所说的事吗？"这些非正式的问题往往会使当前的工作更加清晰，有助于你从整体上了解你目前所从事的工作。

清楚地了解你的工作意味着看清工作的前景和优势，同时客观地评价工作的困难和障碍。相对于前景和优势来说，困难和障碍更值得我们思考和警惕，否则，它们便会成为我们前进路上的绊脚石。然而，没有人喜欢困难和挫折，很多职场人士总是对工作的前景和优势夸夸其谈，而一旦谈及工作的困难时，却总是讳莫如深。如果再问他准备采取什么措施来应对这些困难时，答案更是含糊其辞。

人的一生遇到困难、挫折是在所难免的，工作上也不例外。如果你的解决困难的方式是逃避，那么困难将会一次又一次地造访你。逃避是解决不了问题的，我们必须勇敢地接受现实的挑战。

在最黑暗的时期，整个欧洲大陆和北非都处于纳粹的铁蹄之下，而美国又竭力保持中立，希特勒于是全力对英作战。在当时，几乎全世界的人都认为英国一定会屈服。但当时的英国首相丘吉尔一直坚信：大不列颠不仅能生存下来，而且仍将是一个伟大的国家。面对纳粹的战争威胁，丘吉尔向全英国人民表示："我们下定决心，一定要将希特勒的纳粹统治摧毁。对于这一点，什么也不能改变我们，决不！我们决不屈服！决不向希特勒或他的党羽妥协！"

即使有如此坚定的决心，丘吉尔也没有忘记要面对最严酷的现实。为了自己能在第一时间得到准确而真实的消息，战争一开始，丘吉尔就在普通的信息渠道之外，建立了一个完全独立的部门——"统计局"。整个战争时期，丘吉尔就是依靠这个"统计局"获得了最新、最真实的战况，并依此做出了正确的决策，最终战胜了入侵的纳粹分子。

这一事件离我们已经很久了，但其中的道理却永远值得我们借鉴。对于一个人而言，勇于接受现实是负责精神和敬业的表现。勇于接受现实就是像勇士一样去工作，去完成任务，它体现了一个人对自己的职责的使命感。思想影响态度，态度影响行动。一个勇于接受现实的员工，肯定是一个认真履行自己的职责、勇于负责的员工，工作起来肯定特别认真，工作质量也会特别好。

一位公司主管经观察得出这样一个观点：高效率的优秀员工之间的看法很少有相同的时候，同样一件事，一个人可能深信不疑，另一个人却满肚怀疑。他们只有一个共同的特性——敢于面对现实，愿意冒险。

不要以为面对现实就是打开潘多拉的盒子，其实没有那么糟糕。事实表明，勇于面对现实不仅会带给你强劲的工作动力和负责精神，还会给你一个高绩效的未来。

理查德是美国一家人寿保险公司的业务员。由于当时正值20世纪30年代美国经济大衰退的时候，理查德的保险业务开展得很艰难，再加上他生性腼腆，经常被客户拒绝。因此他的业绩一直处于低迷状态。那个时候，理查德最关注、最担心的是自己是否会失业。

"年轻人，你认为在未来的三个月内，你的工作成绩会上涨到什么程度？"一天，公司经理问理查德。

"哦，具体的我没有想过，但我认为肯定会让您满意的。"理查德小心地回答道。

"这我也相信,"经理回答道,"可你想没想过怎样对待阻碍你工作进展的问题呢?"

"经理……我没有想过。"理查德低声回答。

"没有想过现在就要好好地想一想。"经理严肃地说道,"不管你打算把自己的工作做到何种水平,只要你肯做,你就一定会做到。每一个人都可以取得良好的成绩——不管情况多么艰难——只要他肯敲门、肯尝试、肯努力!"

就是因为这次谈话,该保险公司的裁员名单上少了理查德的名字,而多了一位高绩效的优秀员工——一位曾把每个客户的门敲响数遍的人。

勇于面对现实是解决困难的第一步,只有正确评价工作中那些不可避免的困难和障碍,客观地看待它们——既不能小看它们,也不把它们夸大,你才能制定有效的解决办法,减少它们对于任务达成的障碍,最终取得好的成果。

在开始工作前找出那些工作中存在的问题是相当有必要的，这可以减少工作的阻力。但要想在工作前就把所有的阻力都清除是不现实的，如果你固执地坚持这一点的话，你的工作永远都不可能开始。任何人都不可能做到在工作之前就把所有的问题都解决好，即使是一名最优秀的员工，因为问题是随着工作的进展而不断产生和变化的。事实上，优秀员工不管从事什么行业或什么活动，遇到麻烦都会立刻想办法处理，他们的这一举动就像前进中遇到沟壑就跨过去一样自然。勇于面对现实中的种种困难和问题，有一个重要的前提，那就是发现问题。发现是解决的前提，只有发现了才能解决。"发现问题"是"了解工作"的一个重要内容。

发现问题需要敏锐的洞察力，但许多员工往往忽略了它。其实不仅仅是员工，也是许多优秀的领袖人物经常犯的错误。

"我告诉你们，威灵顿是个劣等的将军，英国部队也不堪一击。我们在午餐之前就可以解决他们。"

这是拿破仑在滑铁卢战役前，对手下的将军的早餐谈话（1815年）。

"我估计全世界大概只能销出5台电脑。"

托马斯·华森，"蓝色巨人"IBM的创始人兼董事长在1943年如是说。

"我不需要保镖。"

吉米·霍华在1975年他失踪前的一个月夸下海口。

敏锐的洞察力是发现问题的前提。任何追求卓越业绩的优秀员工，都应了解这一点。具体来讲，洞察力有利于你：

（1）找出问题的根本所在；

（2）加强对问题的解决，可以让你直捣问题的核心；

（3）评估各种选择以获取最有利的局势。

总之，一名优秀员工必须做到了解工作，发现问题，并勇于解决问题。否则，你的决策有可能变成不切实际的计划，你的行为就会因"盲目"而失去意义。而这一切的结果，则会让你的工作进展得更加缓慢而艰难，最终陷入失败的深渊。

09 专注专业，
讲求深度

能专心致志者，无往而不胜。不论是工作还是做其他事情，专注都是成功的必要保证。一个人的精力是有限的，你不可能同时去追求多个目标，也不可能同时完成多件事情。

用友软件的总裁王文京，这个15岁考上大学、40岁名列《福布斯》中国富豪榜第八名的传奇人物，在被人作为"知识创造财富"的典范时，说了一句引人深思的话：关键是要"专注"。也就是说，专注创造了财富。

专注是把意识集中在某个特定的欲望上的行为，并且要一直集中精力，坚持找到实现这个欲望的方法，直到成功地将它付诸实施。专注是一种不可小视的力量，它会在你实现成功的过程中，起到不可估量的作用。

高效率蒸汽机的发明者詹姆斯·瓦特，从小就是出了名的心灵手巧的人，他在父亲的造船作坊里迅速掌握了修理航海仪表的技术，工

第四章
从平凡到优秀

匠们夸他"每根手指头上都刻着好运纹",事实上,在拥有自己的工作台之前,小瓦特就把课余时间消磨在车间里,观察大人们干活,静静地思考。他是一个非常内向、好静的孩子,只要是他感兴趣的事,无论他准备做、正在做,还是暂时中断,他的心思都在上面,这样的人所取得的进步,是那些三心二意的人望尘莫及的。

瓦特中学毕业后来到格拉斯哥。想学一门手艺,但是这里竟然没有一个可以当他师父的人,那些工匠所能教的,他早就会了。于是,他不得不来到伦敦,从举世闻名的仪器专家中寻找自己的导师。他成了数学家、仪器制造专家约翰·摩根的学徒,一年中,他掌握了别的学徒需要3至4年才能学到的东西。他是这样做的:每周在摩根的车间里工作5天，每天从清晨干到晚上9点，在休息时间又揽些零星的修理活来干，他用黄铜制作的法式接头的两脚规被评为全行业中最杰出的作品，出师时他告诉父亲："我认为不管在什么地方，我都不愁没有饭吃，因为现在我已经能像大多数工匠那样出色地工作了，尽管我还不如他们熟练。"

对于他这样的人，吃饭绝不是一个问题。他为格拉斯哥大学修好了一批天文仪器，在校园里得到了一个工作间，也得到了丰衣足食的生活。后来他又与一名建筑商合伙开了仪器制造修理厂，赚了不少钱。自从得到一台老式蒸汽机模型、弄清它的缺陷、意识到改进它的可能性，他就从小安乐窝中走了出来，踏上了伟大的成功之路。

他沉浸在对大气压真空、冷凝、传热、冲程、能量、效率等错综复杂的环节的思索中，在工作中、在散步时、在床上……不停地考虑那些模型和环环相扣的难题，一旦心有所得，就扑到试验室里检验。

他知道这东西一旦成功，将对工业文明产生不可估量的影响，在此之前人们普遍依赖自然界的不稳定的风力和水力来驱动机械设备，老式蒸汽机由于燃料消耗过大，只能在煤矿里运用，而且它发出的呼哧呼哧、吱嘎吱嘎、扑通扑通的噪音使几英里内不得安宁。瓦特撇开其他事情，一心扑在蒸汽机上，他写信告诉朋友："除了这台发动机之外，我对任何别的事情都可以不加以考虑。"就是这样一个人，在15年的时间里，把60多年中无人改进的震天响的矿井蒸汽机变成了可以牵引轮船和火车的动力，他自己也因此获得了巨大的财富和显赫的社会地位。

"除了这台发动机之外，我对任何别的事情都可以不加以考虑。"这就是瓦特的专注精神。

德国哲学家黑格尔说:"那些什么事情都要做的人,其实什么都不能做,而最终导致失败。世界上有趣的事情异常之多,西班牙诗、化学、政治、音乐都很有趣味,如果有人对这些感兴趣,我们绝不能说他不对。但是一个人在特定的环境内,如欲有所成就,他必专注于一事,而不分散他的精力于多方面。"如果我们想成为一个众人叹服的领袖,成为一个才识过人、卓越优秀的有钱人,就一定要排除大脑中许多杂乱无绪的念头,否则你可能会忙不过来,要顾及这一点又要顾及那一个,由于精力和心思分散,事事只能做到"尚可",结果当然是不可能取得突出成绩。

著名成功学大师戴尔·卡耐基分析了众多创业失败的案例后得出了一个结论:"年轻人之所以容易遭遇失败,就是因为他们很难将自己的精力集中起来,精力过于分散不但使他们的工作效率以及进步速度缓慢,也使他们经常犯一些低级错误。"而他事后对一些创业失败者的调查也证实了这一结论。

如果一个人心无旁骛、专注地做一件事,那他离成功就不远了。这个世界上就是所谓的聪明人太多了,而且外面的诱惑也太多了,我们很少有人能专注地去做一件事。

现代社会竞争日趋激烈,所以,我们必须专心一致,对自己的目标全力以赴,这样才能做到得心应手,取得出色的业绩。

10 良禽
择木而栖

现如今,"良禽"比喻人才,是指有才干、有德行、有聪明睿智、有一技之长或几技之长的人。"木"是人才展示自己才华、发挥自己能量的一方天地。它可以是一个单位,或者一个项目,一种专业,也指掌管这些单位、部门的主管。拥有一个好单位与好上司,是每一个人才的梦想。

职场也如人生舞台一样,一幕幕戏剧不断上演,正所谓你方唱罢我登场。透视酸甜苦辣的职场人生,对症下药,才能在万变的生存环境中游刃有余。

领导往往能决定着一个单位的命运,自然也包括下属的命运。所以,宁要选好领导,也不挑好单位,如此才可成为贤臣良禽。例如曹操、刘备与孙权,虽说开始时并不强盛,立国之路无比艰辛坎坷,但他们都是胸有大志,腹有良谋的帝王之才,称得上是"圣木"与"明主",如曹操数哭典韦、苦留关云长,刘备三顾茅庐、

第四章
从平凡到优秀

摔阿斗等,都是"圣木"的表现。坚定不移地选择曹操、刘备与孙权的将士,大多有了好的归宿,而选择其他诸侯的将士要么改弦更张,弃暗投明,要么就被消灭掉了。

如果选择了一个胸无点墨、不思进取的领导者所打理的公司,你要么明智地丢掉饭碗,要么就等着让别人吃掉。

古往今来,人类历史上演过许多"良禽择木而栖"的悲喜剧。

在某出版社里,小冯可谓才不出众,貌不惊人,学历也比较低,可是他年纪轻轻就做到了副总编辑。很多人都对小冯"坐升降机"式的升迁感到不解,社里比他强的人很多,总编为何要提拔他呢?

这要从5年前说起,那时,出版社内部调整,社里遇到经济困难,偏偏又赶上一桩版权官司,如果出版社败诉,社里将雪上加霜。这时,许多员工,包括几个编辑部主任都纷纷离去,当时只是总编办公室秘书的小冯坚持留下来,与总编一起为出版社的存亡奋斗。

几个月过去了,版权官司还未了结,社里财务紧缩,员工薪水都发不出来,对于这场诉讼能否打赢,总编自己也失去了信心,他

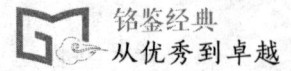

对小冯说：

"小冯，我非常感谢你的忠心，但你也知道，出版社快撑不下去了，你还是另谋高就吧！"

"总编，你要有信心啊！如果渡过此劫就好办了。"

3个月后，版权案结案。紧接着，社里又争取到一笔贷款。先前的员工又陆续回来上班，小冯又帮社里抓了几本好稿子，出了几本好书，效益开始缓缓回升。总编感谢小冯的忠心，不忘提拔重用，他常拍着小冯的肩膀说："患难见真情，我总算找到知己了。你办事，我放心！"小冯的忠心得到了回报。

可是，故事中的小冯与出版社的总编同舟共济是否值得鼓励呢？因为出版社幸运地逃过了劫难，他才得以幸运晋升；如果出版社不幸倒闭呢？这里便出现了一个新问题，当公司面临困境时应该怎么办？是"树倒猢狲散"另择高就，还是坚守"阵地"到最后？

按照传统的观念，当公司遭遇困难时，应该与公司同舟共济。可是，在这样压力巨大的时代，每个人都有自己的责任，员工毕竟要供养家庭，如果连最基本的生存也维持不下去，又怎么能做到"死忠"？所谓"军中不可一日无粮草"！更何况"良禽择木而栖"原本就是无可厚非之事。

自古有句谚语："女怕嫁错郎，男怕入错行。"若印证到职场生涯，"郎""行"也可指老板。如果你与老板不甚投缘的话，那你就得考虑另择良木而栖。

老板就是老板，没有哪个老板会改变观念来适应部属。即使你在道理上、事实上占了优势，但发觉自己错了的老板，也不能容忍他的威信和尊严受到挑战。在这样的情形下，你以后的日子会不会好过呢?这时候,你是不是应该考虑另寻良木而栖呢?

"良禽择木而栖,贤臣择主而侍。"这是一个谁都能接受的观念。调查显示,对于自己的老板,如果认为他不好,有40%的员工会在一年内寻找新的工作。所以,不必因择良木而耿耿于怀。

如果你的老板常犯以下错误,你就要考虑"择木而栖"了:

第一,动不动就"炒人"。"安全感"对打工者是很重要的,如果老板常常因为对员工表现不满意,就借故"炒员工鱿鱼",或动不动就以辞退员工作为威胁的话,肯定会扰乱军心,弄得人心惶惶,员工又何不先走为上招儿呢?

第二,过分"干涉"与"控制"。"用人不疑,疑人不用",但很多老板还是不能潇洒地做到这一点,经常在背后干涉或"操纵"员工的工作,处处监督员工的一举一动,没有哪个员工愿意为这样的老板效劳。员工需要有空间与机会发挥才能,有满足感与成就感才会心甘情愿地留下,否则走人。

第三,不为员工着想。大多数老板有了一定的经济实力以后,可能会考虑为员工提供一些福利,这是一件好事。但他们好自以为是,根据自己的经验与判断,实施一些他们所认为对员工有好处的安排、政策或福利。可是,实行后,员工却发现这些所谓的福利实际上对自己一点好处都没有,员工失望之余,也只能跳槽另选"贤主"。

对照一下自己的老板,看看是否属于上述几类,如果答案是肯定的。就赶紧规划一下自己的下一步,该跳槽就跳槽。毕竟自己的生存和发展才是最重要的。

11 立即去做，
　　绝不拖延

　　优秀的员工有事情就马上做完，绝不拖延；而一般的员工总是由于种种原因，任务一拖再拖。就在这些一次次的完成与拖延之中，优秀的人越发优秀，平庸的人越来越没有立足之地。

　　有人将拖延的行为生动地比喻成"追赶昨天的艺术"，其实我们还可以在后面加上半句——"逃避今天的法宝"，这就是拖延的影响。有些事情可能是你想去做的，然而，却总是一拖再拖，你不去做你现在可以做的事，却下定决心要在将来的某个时候再去做。这样，你就有了可以避免马上行动的理由。如果一味地这样下去，最终的结果是你将一事无成。

　　工作中拖延的人通常也是制造借口与托词的专家。如果一个员工存心拖延逃避，可以找出成千上万个理由来辩解为什么事情无法完成。如工作太无聊、太辛苦，工作环境不好，规定完成的期限太紧等。拖延者总是努力找出种种借口来蒙混公司，欺骗上司。这样

第四章
从平凡到优秀

的员工是不负责任的员工,也是不努力工作的员工。拖延可能使一个人暂时从繁忙的工作中解脱出来,但拖延工作的后果对拖延者自身的伤害更大。

布诺是一位火车后厢的刹车员,因其聪明、和善,常常面带微笑而受到乘客们的喜爱。

一个下着暴风雪的晚上,火车发动机的汽缸盖被风吹掉了,列车长不得不决定临时停车。布诺抱怨着,因为这使他不得不在这寒冷的冬夜里加班。

正在布诺想着怎么逃掉夜里的加班时,列车长突然警惕起来,他发现一辆快速列车几分钟后就要从同一条铁轨上驶来。列车长赶紧跑过来命令布诺拿着红灯到后面去。

布诺心想,后车厢还有一名工程师和一位助理刹车员守着,便笑着对列车长说:"不用那么着急,后面有人守着,我回去取件外套就过去。"

列车长一脸严肃:"一分钟也不能等,那列火车马上就要来了!"

"好的。"布诺微笑着说。

列车长听完了他的答复又匆忙向前方的发动机房跑去。

但是布诺并没有立刻就去,他想着反正后面有人守着,又停下来喝了几口酒,驱了驱寒气,这才慢慢悠悠地向后车厢走去。

他刚走到离车厢十来米的地方,就发现工程师和助理刹车员都不在,或许是被列车长调到前面去处理其他问题了。于是,他加快速度向前跑去,可一切都晚了。那辆快速列车的车头撞到了布诺所在的这列火车上,乘客的惊叫声和蒸汽泄漏的咝咝声混杂在一起。

当人们找到布诺时,发现他目光呆痴,在那里自言自语着:"都是我的错,我本应该……"他已经疯了。

布诺的结局是可悲的,他为自己的拖延行为付出了巨大的代价。如果当初他能够立即执行列车长的指令,就不会酿成此种结局。布诺的教训值得所有人深刻反思。

如果你是一个渴望成功的人,就应该对自己平时的习惯做深刻的检讨,把那些妨碍成功的恶习一一找出来,如萎靡不振、马马虎虎、得过且过等。要勇于承认自己身上的这些不良习惯,不要找任何借口搪塞。要把它们记录下来,对照它们引起的错误,想想今后应该怎么做。若能持之以恒地纠正它们,就一定会改掉拖延的恶习。

  做事绝不拖延，应该成为每个员工的重要行为准则，同时，也是一个优秀员工的信念。这种信念有助于形成做事高效的良好工作作风，而这种作风也为员工的将来打下了良好的基础。

12 梦想少一点，
计划多一点

人人都有美好的梦想，但不是所有的梦想都能成真。有人想成为企业家，有人想成为科学家，结果都往往事与愿违。他们会哭诉命运女神不给他们成功的机会。但是，他们是否长期以来都朝着一个目标不懈地努力呢？实际上，再理想的目标、再高的先见之明、再准确的事先判断，如果只是停留在梦想阶段，而不去制定付诸行动的计划，再好的梦想也不过是镜中月，水中花。要想成功，最重要的便是付诸行动的计划。

今天的我们正处在一个充满机遇的时代，成功与否就看我们能不能抓住机遇。我们要在机遇来临之前就做好付诸行动的计划。只有这样，当机遇来临之时，才能通过切实有效的行动努力将它变成现实。

生活中总是有些人自命不凡，心比天高。但让他们做事，往往又眼高手低，高不成低不就。当别人取得成绩时，他们嫉妒得要

第四章
从平凡到优秀

命,认为那些成绩本来是应该由自己而不是别人来取得。这样的人往往自怨自艾,到头来一事无成。临渊羡鱼,不如退而结网。羡慕人家的成绩,你自身便要更加努力。只有这样,你才能赶上并超过别人,最终实现自己的美好理想。

文强和伟志都是某公司的秘书,两人工作都比较踏实。这家公司在业界口碑很好,发展也极快,有能力的员工相应提升也比较快。这种情况让文强羡慕不已,但他根基尚浅,而且自身也不怎么努力,所以羡慕归羡慕,一直没有主动寻求突破,几年来还是在原地打转。

伟志就不一样了,看着那些被提升的同事,也是在心里羡慕不已,于是他把羡慕转化为激励自己奋发的动力,暗地里和自己较劲。他制定了一个逐步提升自己的行动计划,按照行动计划一步一个脚印,以期能够有一个更好的发展。

伟志做事认真,头脑灵活,按照计划,他首先让自己养成使用"日常备忘录"的习惯。他将工作中遇到的一些重要的事,诸如重要数据,以及老板的指示或指令都在"日常备忘录"上记载下来,并随身携带,以备不时之需。功夫不负有心人,这样的好习惯帮了老板的大忙。

有一次,老板做报告,临时需要两个数据,忙问身边的随员。可是几个人所报数字相差甚远,该听谁的呢?此时,伟志不慌不忙地掏出"日常备忘录",报出了老板所需的精确数字。大家都不约而同地向伟志投以钦佩的目光,老板对他更是另眼看待,认为他工作踏实,做事认真、周到。无形之中,伟志在老板心中的印象大大加深了,自然而然的,伟志的职位也大大地提升了。

伟志和文强的不同在于,伟志没有停留在梦想之上,而是选择去努力,选择可以付诸行动的计划,用行动去实现自己的梦想。

生活中有太多的"文强",如果你也是,那么,就尽快放弃那些只知停留在梦想之上的不良习惯吧,严格按照计划去付诸行动,把自己打造成为老板所必需的实力派人物,机会自然会自动找上门来,根本用不着你去拼抢。

在职场中让你迈出成功第一步的绝不是脱离实际的空想,而是在任何环境中的正确认识和扎实工作。应该思考最多的一件事就是:在竞争激烈的职场环境中,如何恰当地将计划付诸行动,来表现出自己的自信与实力,迈出成功的第一步?

任何一名员工的成功都来自于制定通向成功的计划并且去身体力行。同样的,成功的机遇更是需要通过员工确实有效的行动计划才能抓住。无论你有多么美好的目标,如果你没有能付诸行动的计划,不实际地行动起来,成功之门就永远不会开启。

西方流传着这样一个故事:很久以前,一位聪明的国王召集了一群聪明的臣子,给了他们一个任务:"我要你们编一本各时代的智慧录,好流传给子孙。"这些聪明人离开国王后,工作了很长一段时间,最后完成了一本十二卷的巨作。国王看了以后说:"各位先生,我确信这是各时代的智慧结晶,然而,它太厚了,我怕人们不会读,把它浓缩一下吧。"这些聪明人又长期努力地工作,几经删减之后,浓缩成了一卷书。然而,国王还是认为太长了,又命令他们再浓缩,这些聪明人把一卷书浓缩为一章,又浓缩为一页,然后减为一段,最后变为一句话。聪明的老国王看到这句话后,显得很得意,"各位先生,"他说,"这真是各时代智慧的结晶,并且各地的人一旦知道这个真理，我们大部分的问题就可能解决了。"

这句话就是："天下没有免费的午餐。"许多失败的员工，他们之所以失败，无非就是幻想"天下有免费的午餐"。他们只知道梦想，而不去制定付诸行动的计划，并且严格按照计划去行动。

拥有美好的梦想是可喜的，可是如果只是停留在梦想之上，那还不如没有梦想。这种人往往会忘掉目标与计划，头脑发热，漫无方向地行动，结果离成功越来越远。

不要奢望有什么不劳而获的事情会发生在你的身上。成功的机遇不会从天而降，它需要你自己去创造和争取。即便成功机遇真的会从天而降，如果你背着双手，一动不动，它也会从你身边滑过，落到别人的眼前。

13 养成终生
    学习的习惯

　　知识是为了磨炼智慧而存在的，而学习是为了磨炼人的心性与思维。只有不断地学习，才能使人处于不断地更新完善的状态。知识源于实践和经验，但个人受时空和自身的限制，不可能什么都自己去实践、去经历，所以学习别人既有的经验是非常重要的。书本无疑是知识的重要载体，它是新知识、新技术和新信息的仓库，它可以丰富我们的头脑，启迪我们的智慧。

　　学习知识是重要的，所以，世界上有很多人一生都在学习——从小上学学习，一直到大学毕业，工作后继续努力深造，考研；也有老来上大学，补知识的；在科学事业上刻苦钻研，更上一层楼的……这些人对自己的人生、对待学习总是抱有一种不知足的心态，而这种"不知足"，却是值得我们宣传借鉴的。

　　人们常说的"百尺竿头，更进一步"，也是比喻在取得很高的成就后争取更高的成就。倘若取得成就之后就骄傲自满，那是不会

第四章
从平凡到优秀

再有更深造诣的。

在美国东部的一所大学里，期终考试的最后一天，一群即将毕业的学生们挤在教学楼的台阶上，正在讨论着即将进行的考试，几年的刻苦学习使他们充满了自信，毕竟这是他们毕业与工作之前的最后一次测验了。

其中，一些人在谈论他们现在已经找到的工作；而另一些人则谈论他们将会得到的工作。带着通过四年大学的学习所积攒起来的自信，很明显地他们感觉自己已经准备好了，甚至都觉得自己有足够的能力和知识来征服这个社会。

这些年轻人一点也不紧张，因为这场即将到来的测验将会很快结束——教授曾经说过，他们可以带任何书籍或笔记作参考。唯一的限制，就是他们不能在测验的时候交头接耳。

时间终于到了，他们兴高采烈地冲进教室。教授把试卷分发下去。当学生们注意到只有五道评论类型的问题时，更加掩饰不住他们内心的兴奋。

3个小时过去了，教授开始收试卷。然而，这些年轻人看起来不那么自信了，没有一个人说话。教授手里拿着试卷，面对着整个班级。他俯视着眼前那一张张焦急的面孔，然后问道："完成五道题目的有多少人？"

没有一只手举起来。

"完成四道题的有多少？"

仍然没有人举手。

"三道题？两道题？"

学生们开始有些不安，在座位上扭来扭去。

"那一道题呢？当然有人完成一道题的。"

但是整个教室仍然很沉默。教授放下试卷，"这正是我期望得到的结果。"他说。

"我只想给你们留下一个深刻的印象——即使你们已经完成了四年的'修行'，关于学习的事情仍然有很多是你们所不知道的。这些你们不能回答的问题是与每天的普通生活实践相联系的。"然后他微笑着补充道，"你们都会通过这个课程，但是记住——即使你们现在已是大学毕业生了，你们的教育仍然还只是刚刚开始。"

教授并非真的想用五道难题来打击学生们的自信心，他的目的仅仅是希望这些学生能够在以后的工作和生活中，以一种低姿态学到更多的东西罢了。

世界上还有一些人之所以不能"更上一层楼"，不是因为过于自高自大，而是因为信心不足——他们总是以时间、年龄、精力等一系列的借口，将自己束缚在一个不能继续学习、修行的位置上。正是因为他们从内心里就认为自己不能学习了，他们才学习不到任何东西。但是，还有一类人恰好与这些人相反。

晋文公在70岁那年还想学点什么东西，可是他又怕太晚了。

于是，他对大臣师旷说："我想请教先生该怎么做？"

师旷反问道："你为什么不点一枝蜡烛来照明呢？"

晋文公不解地埋怨师旷道："我在跟你讲正经事儿，而你却怎么跟我开玩笑呢？"

师旷赶忙回答道："臣怎么敢戏耍君王您呢？臣只听说过，少年时好学，好比早晨的太阳；壮年时好学，好比中午的太阳；而老年人好学，好比在晚上点起蜡烛照出的光明。用蜡烛照出的光明，尽管范围很小，可是它总比在黑暗中行走好得多吧！"

晋文公听了以后，恍然大悟地说："一点也不错！"

活到老，学到老。每个人若要跟上时代的脚步，就必须不停地学习。因为在现代社会中，知识的更新速度越来越快，不努力学习，就会被淘汰。因此，即使是百岁老叟，只要付出，就会有收获。即使比不上别人，但跟自己比未尝不是一种超越。只要行动起来，就比原地踏步要强得多。

对于别的事情我们应该多一些知足常乐的心态，然而对于学习的事情，我们最好永远都不知足。因为知识是无穷尽的，学习也是无止境的。在这样一个多变的世界里，任何故步自封、因循守旧、缺乏远见、不求上进的人最终都会走向失败，所以不论我们曾经受到过多么高的教育，取得多么辉煌的成就，拥有多么巨大的财富，都不要忘了，学习应该伴随终生。

第五章
在优秀的团队中，你会变得更优秀

　　团队是一个群体，包含了很多个成员。随着竞争的日趋激烈，团队精神已经越来越为企业和个人所重视。这是一个团队的时代。在一个团队中，每个个体都会对团队以及其他成员有一定的帮助。我们只有融入团队中，才能更好地实现自我，也只有在优秀的团队中，才会变得更加优秀。

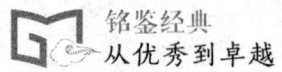

01 团队协作是
　　职场生存之本

　　我们的成功，没有完全属于自己的，因为我们是社会人，每天不可避免地通过各种渠道、以各种方式，接触到众多的伙伴、同事、朋友。这个时候，团队就起到了不可忽视的力量。

　　在广袤的非洲大草原上，三只小狼狗一同围追一匹大斑马。面

第五章
在优秀的团队中，你会变得更优秀

对着身材高大的斑马，三只两尺多长的小狼狗一拥而上，一只小狼狗咬住斑马的尾巴，一只小狼狗咬住斑马的鼻子，无论斑马怎么挣扎反抗，这两只小狼狗都死死咬住不放，当斑马前后受敌、疼痛难忍时，第三只小狼狗就开始啃它的腿，终于，斑马支撑不住倒在了地上。一匹大斑马就这样被三只小狼狗吃掉了。

三只小狼狗之所以能够击败大斑马，不仅由于它们自身的优秀，还在于它们组成了一支优秀的团队，并分工协作，致力于共同的目标。

在专业化分工越来越细、竞争日益激烈的现代职场，单靠个人的力量是无法面对千头万绪的工作的。如果你能够与别人协作，就会取得令人意想不到的成就。一个哲人曾说：你手上有一个苹果，我手上也有一个苹果，两个苹果交换后，每人仍然只有一个苹果。但是，如果你有一种能力，我也有一种能力，两人交换的结果，就不再是一种能力了。

一滴水如果不放到大海里，始终都会干涸。那么一个人呢？一个人就好像存在于社会的一滴水，如果不懂得寻找一片大海，那他也会像一滴水一样，迟早会"干涸"。

一个人是否具有团队合作的精神，将直接关系到他的工作业绩。几乎所有的大公司在招聘新人时，都十分注意人才的团队合作精神，他们认为一个人是否能和别人相处与协作，要比他个人的能力重要得多。

一个企业，更需要团队的力量。在工作中，我们要时刻想到，我们是一个整体，是一个团队。即使你是公司的主力干将，也不可能单打独斗。

作为公司的一员，只有把自己融入整个公司之中，凭借整个团队的力量，才能把自己所不能完成的棘手的问题解决好。

当你来到一个新的公司，你的上司有可能会分配给你一个难以完成的工作。他这样做的目的就是要考察你的合作精神，他想了解一下你是否善于合作、善于沟通。如果你不言不语，一个人费劲地摸索，最后的结果只能是"死路"一条。明智且能获得成功的捷径就是充分利用团队的力量。

一位专家指出："现在年轻人在职场中普遍表现出的自负与自傲，使他们在融入工作环境方面表现得缓慢和困难。这是因为他们缺乏团队合作精神，项目都是自己做，不愿和同事一起想办法，每个人都会做出不同的结果，最后对公司一点用也没有，而那些人也不可能做出好的成绩来。"

这是一个团队的时代，竞争已不再是单独的个体之间的斗争，而是团队与团队的竞争、组织与组织的竞争，任何困难的克服和挫折的平复，仅凭一个人的勇敢和力量是远远不够的，而必须依靠整个团队。

每到秋天，你可能经常会见到雁群为过冬而朝南方飞去，这个时候，你是否想过它们为何以"人"字队形飞行呢？

其实这是有道理的。当前面一只鸟展翅拍打时，其他的鸟可以更省力地跟上。借着"V"字队形，整个鸟群比每只鸟单飞时，至少增加了71%的飞行能力。

当一只野雁脱队时，它立刻感到独自飞行时的迟缓、拖拉与吃力。所以很快又回到队形中，继续利用前一只鸟所造成的浮力。如果我们能够拥有像野雁一样的感觉，我们会留在团队里，跟那些与

第五章
在优秀的团队中，你会变得更优秀

我们走同一条路、同时又在前面领路的人在一起。

当领队的鸟疲倦了，它会轮流退到侧翼，另一只野雁则接替它飞在队形的最前端。轮流从事繁重的工作是合理的，对人或对南飞的野雁都一样。飞行在后的野雁会利用叫声鼓励前面的同伴来保持整体的速度。

最后——而且是重要的——当一只野雁生病了，或是因枪击而受伤，从而掉队时，另外两只野雁会脱离队伍跟随它，来帮助并保护它。它们跟掉队的野雁到地面，直到它能够重上蓝天或者死去。而且只有在那时，另两只野雁才会离去，或跟随另一队野雁飞走。

布莱克说过：没有一只鸟会飞得太高，如果它只用自己的翅膀飞升。所有的人都因在团队中得到互相的扶持而比单独奋战达到更高的目标。

由此可见，团队精神对个人的成功起着至关重要的作用。那么什么才是团队精神呢？很多人认为团队精神就是与别人一起去做某件事。事实上，这种认识比较肤浅和狭隘。真正的团队精神的核心是无私和奉献精神，是主动负责的意识，是与人和谐相处、充分沟通、交流意见的智慧。它不是简单地与人说话，与人共同做事，而是不计个人利益，只重团队整体的奉献精神。

我们知道，个人的能力是有限的，当一项工作或任务远远超出个人的能力范围时，就必须进行团队协作，发挥团队精神，来共同完成这项工作或任务。

新一代的优秀员工必须具备团队精神，不斤斤计较个人利益和局部利益，将个人的追求融入团队的总体目标中去，从自发地遵从**到自觉地培养，最终实现团队的最佳整体效益。**

在工作中，我们光有团队精神是不够的，更要有协调团队中每一个成员的能力。团队协作的前提是找准自己的位置，扮演好自己的角色，这样才能保证团队工作的顺利进行。若站错位置，蛮干瞎干，不但不会推进整体的工作进程，还会使整个团队陷入混乱。

团队要想创造并维持高绩效，员工能否扮演好自己的角色是关键也是根本，有时它甚至比个人的专业知识更加重要。

要想扮演好自己在团队中的角色，必须做到以下几点：

1.让团队出头做"好人"是扮演好团队角色的首要原则。

在工作中，不要直接否定团队的决定，始终让团队作为与客户打交道的主体。如果可能的话，也要让团队与上级打交道。如果你不得不插手，也要表明立场，与自己的团队站在同一立场。如果需要作出什么改动，那就同团队成员私下解决，并把功劳让给团队。让客户觉得在你这儿得到的承诺，远不如在团队那儿得到的多，最好让上级也产生同感，这样，他们就会养成与团队直接打交道的习惯。从员工个人的角度来讲，直接和团队打交道可以使工作更加轻松；而从团队的角度讲，让团队成为主体可以使团队的运作更有效率——真正的一举两得。

2.要扮演好团队队员的角色，还应主动寻找其他团队成员的积极品质。

在一个团队中，每个成员的优缺点都不尽相同，你应积极寻找团队中其他成员的优秀品质，并且向其学习，以此弥补自己的缺点和消极品质。在提升自己的同时，提升团队成员之间合作的默契程度，进而提升团队执行力。团队强调的是协同，命令和指示相对较少，所以团队的工作气氛很重要，它直接影响着团队的工作效率。

第五章
在优秀的团队中,你会变得更优秀

如果你积极寻找其他成员的积极品质,那么你与团队的协作就会变得更加顺畅,你自身工作效率的提高,也会使团队整体的工作效率得到提高。

3.要时常检查自己的缺点。

作为团队中的一员,你应该时常检查自己的缺点。比如自己是否依旧对人冷漠,或者依旧言辞锋利。这是扮演好团队成员角色的一大障碍。团队工作需要成员之间不断地进行互动和交流,如果你固执己见,难与他人达成一致,你的努力就得不到其他成员的认同和支持,这时,即使你的能力出类拔萃,也无法促使团队创造出更高的业绩。

当所有的人都有一个共同的目标,对意见达成了共识的时候,再去努力就会事半功倍,这个时候,团队的力量也会发挥到极致。而团队成员之间的关系是一种才能的互补,是一种资源与目标的共享,是可以相互协作、为达到共同的目标而无私奉献的一群人。

02 集思广益，
   听取他人的建议

不管你要成为一个优秀的员工，还是要成为一个成功的人，都不要忘记这样一句话：智者找助力，愚者找阻力。没有一个人能够独自成功。集思广益，多听取他人的建议，让更多的人帮助你成功，这是一种高超的社会智慧。

在现代公司里，许多人恃才傲物不愿请教他人，不愿承认别人比自己懂得多、比自己强，这是一种非常愚蠢的心理。成功者之所以成功，很重要的一点在于他们勤学好问，对不知道、不清楚的事总要问个为什么。

美国电力公司的老板斯泰因麦兹说："如果一个人不停止问问题，世上就没有愚蠢的问题和愚蠢的人。"他不断告诉他的员工：能真正从工作中成长起来的唯一方法便是发问。你之所以会问问题是因为你想知道它的答案；因为你想知道，于是努力寻找答案，并把它牢记在心里。所以，一个时时产生问号的头脑是一笔很大的财

第五章
在优秀的团队中，你会变得更优秀

富，它可以让平庸者走出事业的低谷，让成功者更加成功。

向别人请教自己不懂的问题是一种非常宝贵的素质，它可以提升我们的能力，拓展我们的知识面，使我们的工作能力变得更强，更重要的是，请教别人还有利于我们获得良好的人际关系。因为每个人都希望自己受到别人的重视和认可，请求同事帮忙，能使对方觉得自己很重要，而且也能为你赢得友谊和合作。

很多人之所以觉得问题难，是由于他只倚重自己的才华和能力，而不懂得去获取别人的帮助。有的人甚至由于过于突出自己，把本来可以帮助自己的人赶走。当我们遇到问题时，应该多听取他人的建议和意见，并对它们客观地评价，这些建议通常都极其有价值，可以为我们提供一个崭新的工作思路或为我们开辟出一段崭新的职业生涯。

19世纪50年代，在美国旧金山掀起了一股淘金热。一个叫李威·施特劳斯的年轻人放弃了自己的文职工作，随着两个哥哥来到旧金山，开了一家杂货店。一天，一位淘金工人来店里买东西，对李威说："你的帆布包虽然适合我们用，但如果用帆布做成裤子将更适合淘金工人穿。矿工们现在穿的工装裤都是棉布做的，很容易磨破。而帆布做成的裤子，就结实耐用了。"

李威经过一夜的思考后，很快采用了这位淘金工人的建议，取出一块帆布来到裁缝店做出了第一条工装裤。这种工装裤诞生后，受到了许多矿工的喜爱。不久，一位远方的朋友来看望李威·施特劳斯。朋友看到工人们购买这种工装裤的火爆情形后，建议他："你应该投入一些资金，进行广告宣传；另外，聘请一些经验丰富的裁缝，把这种裤子重新设计一下，全面推向市场。"李威·施特劳斯听从了朋友的建议。把这种工装裤重新进行设计，也就形成了至今仍旧流行的牛仔裤，受到了当时年轻人的青睐。后来，他又引进设备，大批量生产，并利用各种媒体宣传牛仔裤，大谈"牛仔裤文化"。铺天盖地的宣传，使牛仔裤深入人心。"西部牛仔"成了美国青年崇拜和模仿的对象。不少中老年人，甚至上层社会的人物也开始喜欢牛仔裤了，牛仔裤的市场越来越广阔。现在，他的公司已经成为世界驰名的跨国公司，他的事业也传到了他的第四代子孙身上。

善于倾听别人对自己工作的建议，是一种对别人眼光、见识、经历、智慧、创意的吸收和学习，通过这种方式，我们才能够不断

第五章
在优秀的团队中，你会变得更优秀

地改善自己的工作，提升自己的能力，而那些自以为是的人，却常常为此付出代价。

竹下君被公司委派去俄罗斯开发当地市场。在接到公司的工作安排后，他很快拟就了一份市场开发方案。开会研究时，他把自己的方案简单地讲解了一遍，就算通过了。他手下的业务精英当场提出一些疑问和合理建议，但他却傲慢地说："我负责开发各地市场这么多年了，难道不知道怎么做？我的方案是正确的，不用再讨论了。"结果，公司付出了巨大的财力、物力、人力，却未能提升当地的市场份额。公司只好对他进行降职处分，并重新安排一个人顶替他的职务，开发这片市场。

新安排的人名叫崎川一雄，他深知集合众人智慧的重要性，所以，他一上任便安排业务员对当地市场开展调查，然后集合所有负责俄罗斯市场的员工讨论。会上，他把自己设想的市场开发方案列举出来，让大家根据考察的情况来讨论其可行性。业务员们积极热情地发表自己的看法。崎川一雄从中选了一些好的建议记了下来，进一步完善方案，最后，拟订出一个稳妥可行的方案。很快，公司就在俄罗斯的市场上取得了成功。

即使是超人和天才，终究也脱不了凡胎。每个人都会有力所不及、大意疏忽的时候，而参考他人的建议，出错的机会就会减少。因此，在工作中，我们要集思广益，善于从别人的建议中汲取智慧，帮助自己取得工作上的进步。

作为工作团队中的一员，你是否经常向上司或同事请教有关工作上的事，或是探讨自身的问题？如果答案是否定的，那么从今天起，你就应改变自己，不论你是新员工还是老员工，遇到自己难以解决的难题和困境都可以向其他同事和上司请教,这样,一方面可以降低错误率,另一方面有助于合作。

值得一提的是,凡事有度。如果你遇事就去问别人,就会显得你无能、缺乏主见,这样的形象是很难获得老板的赏识的。

第五章
在优秀的团队中,你会变得更优秀

03 建立自己的
人际关系网络

　　社会学家说,我们正在步入陌生人的社会,告别农耕时代村舍之间的鸡犬相闻。在人潮涌动的现代都市,人际交往不仅仅意味着成功的机会,更代表着更加丰盈的人生。对于一个职场人员,如果你还想在事业上有进一步的发展,你必须懂得建立以及维护自己的人际关系网络。

　　一个人在人际关系、人脉网络上的优势,就是人脉竞争力。哈佛大学为了解人际能力在一个人取得成就的过程中起着怎样的作用,曾针对贝尔实验室顶尖研究员作过调查。他们发现,被大家认同的专业人才,专业能力往往不是重点,关键在于"顶尖人才会采取不同的人脉策略,这些人会多花时间与那些在关键时刻可能对自己有帮助的人培养良好关系,在面临问题或危机时便容易化险为夷"。他们还发现,当一名表现平平的实验员遇到棘手问题时,会去请教专家,却在等待中浪费了很多时间也没有回应;而顶尖人才则很少碰到这种情况，因为他们在平时就建立了丰富的人际关系网，一旦前往请教，立刻便能得到答案。

艾伦和阿瑟是同事，都在一家管理咨询公司工作，这天，他们同时接受了一项任务，为一家生物公司写一份管理报告，以获得一份50万美元的合同。这份报告可以说非常重要，于是公司安排他们两个人同时写，以从中选优，或者把两人的报告中的精华结合起来，打造一份出色的报告。

艾伦接受任务后，表现得很轻松，一副胸有成竹的样子。

由于时间紧，艾伦必须在最短的时间内收集到尽可能多的那家生物公司所使用的生物鉴定过程的信息。他想起了以前的一位比较要好的同事，她现在已去了一家非常著名的公司工作，她应该认识负责生物公司产品鉴定的科学家。于是他马上拨通了同事的电话。果然不出所料，同事把他介绍给了那位科学家。他虚心向科学家请教，对方也积极地向他提供了他所需要的信息，并立即通过互联网传给他。

第五章
在优秀的团队中,你会变得更优秀

仅仅通了两个电话,仅仅一封电子邮件,艾伦便获得了报告中所需的关键信息。

阿瑟的情况怎么样呢?

阿瑟接受任务后,发现所需要的信息大多没有着落,不免有些着急。想来想去,最后把问题交给了电子公告牌。结果第二天,有40位专家等着回答他的问题。这些专家们各有各的意见,答案自然也不相同。他不知道谁的答案正确,因为他无法判断这些答案的质量。他被这些复杂的信息压垮了,却不能找到真正需要的东西。最后完成的报告自然不如艾伦的优秀。

有职业规划专家说,10%的成绩、30%的自我定位以及60%的关系网络才是成就理想的标准因素,这种说法不无道理。在21世纪的今天,无论是保险、传媒,还是金融、科技、证券等各个领域,人脉竞争力都是一个日渐重要的课题。专业知识固然重要,但人脉是一个人通往财富、荣誉、成功之路的门票,只有拥有了这张门票,你的专业知识才能发挥得淋漓尽致。

在台湾证券投资领域,杨耀宇这个名字几乎无人不知,他将人脉竞争力发挥到了极致。他曾是统一集团的副总,退出后做了一名财务顾问,并兼任五家电子公司的董事。根据推算,他的身价应该有5亿元台币。为什么一个不起眼的乡下小孩到台北打拼能快速积累这么多财富?杨耀宇自己解释说:"有时候,一个电话抵得上10份研究报告。我的人脉网络遍及各个领域,上千万条,数也数不清。"

如果不注意建立自己的人脉关系,你在职业发展的道路上就会遇到重重障碍。

姚强是某名牌大学计算机专业毕业生,毕业10年来一直从事软件开发工作。他是个软件方面的奇才，在他的工作中，很少有他解决不了的业务难题。刚开始接触他的人总是夸他："姚强的确是一个有才气的年轻人。"但他的身上有一个致命的弱点，那就是：宁可少一事，绝不多一事。凡事都推脱，同事遇到难题请他帮忙，他经常说："这有什么难的，不就这么做嘛！"久而久之，人们都不再说他有才了，也不找他帮忙了，都开始对他敬而远之。"姚强有才不假，就是太狂了。"同事们在一起有说有笑，他一来大家立刻就"灭火"了，他只能孤芳自赏。

在上司那里，姚强同样不知为自己争人气。上司安排他活儿，他也是能推就推。有才华不用就等于没有才华，他的上司最后也把他晾在了一边。时间久了，他没有了锻炼机会，而计算机软件能力是需要不断的实战锻炼，他得不到锻炼，能力自然就慢慢退化了。如今，工作10年的他，连个主管都还没混上，看到昔日被自己瞧不起的同事都有了一定的职位，有的还成了公司的副总，他也只能默默地叹气。

为什么会这样呢？原因很简单，姚强陷入了人际关系缺失的不利境地，上司渐渐对他失去了兴趣，因为自恃才高，同事也孤立他，他的日子就不好过了。

可见，对于员工来说，建立人脉是相当重要的，只有建立起高质量的人脉网络，在工作时才会实时得到帮助和支持。

成功建立关系网的关键是选择合适的人建立稳固的关系。因为现代职场都是由三教九流的人构成的，而人的精力是有限的，在建立关系网时，一定要慎重选择，不要盲目地建立，否则会使你整天为应付一些无关紧要的关系而叫苦连天。

第五章
在优秀的团队中，你会变得更优秀

德国社会学家爱尔文·舍尔希说："高端决策者们互相扶植而达到成功，他们的格言是：你搀了我一下，我也会扶你一下。"很多职场新人羞于运用他们的交际能力或者根本不愿意展示自己的魅力。然而不合时宜的谦虚以及过分良好的家教都会成为成功之路的阻碍。最终我们可以总结出一条规律：谁在关系网中处理得当，谁就会认识更多的人且被更多的人认识。

在好莱坞，流行一句话："一个人能否成功，不在于What you know（你知道什么），而在于Whom you know（你认识谁）。"职场人士，不要以为自己拥有卓越的才能就能获得成功。学着去建立自己的人脉网络吧，只有建立起了人脉网络，你才会享受到人脉网络给你带来的种种好处，你的人生也将因此变得丰盈。而那时，你才会深刻认识到：一般人才与顶尖人才的真正区别在于人脉，而非仅仅是才学和能力。

04 尊重同事，
　　增强合作精神

　　成功学大师拿破仑·希尔说："那些不了解合作努力的人，就如同走进生命的大漩涡中，他们会遭受不幸的毁灭。'适者生存'是不变的道理，我们可以在世界上找出许多证据。我们所说的'适者'就是有力量的人，而所谓的'力量'就是合作努力。为了获得生命的成就，我们就应该努力合作，而不是单独行动，一个人只有能够和其他人友好合作，才更容易获得成功。"

　　合作使人生存，合作使人扬长避短以达到结果的最优化。合作是取得成功的重要前提，与他人良好合作，你才有可能取得良好的工作成果。我们正处在一个精细分工的时代，不管你是一位策划师，还是一名文员，你只处于整个工作流程的一个环节，你无法自己单独做好所有工作，必须同他人合作，才能共同完成这项工作。所以，合作是职场人士必须进行的一项修炼，只有具备强烈的团队意识和超强的合作能力，才能做好自己的工作，并最终成就卓越。

第五章
在优秀的团队中,你会变得更优秀

从前,有两个饥饿的人得到了一位长者的恩赐:一根钓竿和一篓鲜活硕大的鱼。其中一个人要了一篓鱼,另一个人要了一根钓竿,然后,他们分道扬镳了。

得到鱼的人原地就用干柴搭起篝火煮起了鱼,他狼吞虎咽,还没有品出鲜鱼的肉香,转瞬间,连鱼带汤就被他吃了个精光。不久,他便饿死在空空的鱼篓旁。

另一个人则提着钓竿继续忍饥挨饿,一步步艰难地向海边走去。可当他已经看到不远处那蔚蓝色的海洋时,他浑身的最后一点力气也使完了,他也只能眼巴巴地带着无尽的遗憾撒手人间。

又有两个饥饿的人,同样得到了长者恩赐的一根钓竿和一篓

鱼。只是他们并没有各奔东西，而是商定共同去寻找大海。他俩每次只煮一条鱼，经过遥远的跋涉，终于来到了海边。从此，两人开始了捕鱼为生的日子。几年后，他们盖起了房子，有了各自的家庭、子女，有了自己建造的渔船，从此过上了幸福安康的生活。

然而，对于那些习惯于做"独行侠"，以竞争为处世哲学的人来说，要他们融入团队、与人和谐相处并相互合作并不是一件容易的事，这需要他们抛弃以往的思维方式，采用"合作""双赢"的思考方法，进而改变自己的行为和工作方式。

要想与别人合作，就必须抛弃傲慢、自私的行为方式，真正地尊重别人，这样才能获得别人的好感，别人才愿意为你提供帮助，才乐于与你合作。与同事相处时，要态度谦恭、有礼，更要有为公、为别人着想的意识，只有这样才能融入团队，实现合作共赢。

尊重首先体现在对待他人的态度上，其次则是表现在行为上。很多人并不清楚，如何才能用行动来表现出自己对别人的尊重，实际上这并不难做到，只要尊重对方的想法，多从对方的角度考虑问题。

没有人喜欢按照别人的思维方法和行为方式行事，所以不管是在与同事讨论问题的解决方案，还是共同制定某项决策的执行计划时，切不可强迫别人接受自己的观点。处处命令别人、处处显得比别人优越是阻碍与他人顺利合作的重要障碍。

要给同事表现自己的机会和权利，不要总是自己喋喋不休；要善于倾听同事的意见和建议，让他充分表达自己的想法，并给予适当的肯定；接受同事与你不同的工作方式，不要对其妄加批评；处理事情时多征求同事的意见，并在行动时加以履行；在取得好的成

第五章
在优秀的团队中,你会变得更优秀

绩、接受表扬时,要把同事的名字排在自己前面……以上这些都是小事,但却对提高你的合作能力大有助益,所以一定要认真对待。

当我们的想法与他人的想法产生分歧时,我们应该努力去了解别人,多站在别人的立场分析问题,这样既能减少不必要的摩擦,又能增进友谊,利于以后的合作。在《如何使人们变为黄金》一书中,肯尼斯·古地说:"任何人都可以和林肯、罗斯福这些名人一样,只要他以同情的心态接受别人的观点,就能拥有做好事情的基础。"

面对分歧时,能够设身处地地站在对方的角度思考问题,不但是一种智慧的行为,更凸显出你人格的高尚,它能充分地体现出你对别人的尊重和真诚,表现出你的无私和豁达。大多数的合作都是在这种换位思考中实现的,经常频繁地进行换位思考,团队成员才能团结在一起,实现高质量的合作。

所以,吉拉德·黎仁柏在对自己的著作《打入别人的心》评论时说:"当自己认为对方的观点和想法与自己的想法同等重要时,交谈才能在融洽的气氛中进行下去。在交谈开始时,就要对方提出自己的目的或方向。当我们作为听者时,我们要用听到的话来管制自己要说的话;当我们作为讲话人时,我们接受对方的观念将会鼓励对方打开心胸接受我们的观念。"如果你想改变人们的观点,而不至于伤害他的感情或引起悔恨,那么你只需从别人的立场来看问题就可办到。

05 容得下
　　平庸的上司

　　上司水平比自己低，能力比自己差，这种情况在职场中是经常出现的，如果你遇到这样的情形，你该怎么办呢？

　　解决任何问题的第一步是先提出问题并进行研究。你不妨先问问自己：上司真的不如你吗？哪些方面不如你？还是你自命不凡？

　　每个人的性格不同，因此，做事的方式，工作的风格也不尽相同。上司有时候并不是真的不如你，不过是工作技巧和艺术手法让你无法接受罢了。有时候上司故意示弱，其目的是想探究下属的真才实学以及对问题的看法，以便更好地对部属进行把握，或作为将来提升重用的依据；还有一种可能是通过这种方式收集意见，便于更正确的决策，聪明的上司大多会如此；另外就是想给部属展示自己的机会，让下属发挥自己的聪明才智，从而达到激励下属、培养下属的目的。所以，作为下属，应主动配合上司，不要耍小聪明。千万不要把上司的智慧之举看成是他的无能。如果上司屈身求教于

第五章
在优秀的团队中，你会变得更优秀

你，或者上司故意失误以探实情，千万不要以此就认为上司无能，水平低下，其实，这正是上司的高明之处。

再说，上司不如你也是正常的事情。现实中不是每个上司方方面面都比下属强，也不是比别人强的都能做上司。认识到上司水平比自己低说明你有高度。但认识到是一回事，说不说或怎么做又是另外一回事。只有如此看问题，才能平衡自己的感受，然后才能冷静地对待这一问题。

寸有所长，尺有所短。即使是平庸的上司，他也会有长处，上司之所以成为上司，肯定有超过你的地方，比如工作经验、某些方面的资源、某些特殊的技能知识、与整个企业组织的感情资本、上司的上司或其他周边关系相互了解的程度等，这些恐怕是你所不具备的，而且这些又恰恰是组织需要的，所以必须客观地看待。成为上司需要多方面的条件，绝不是单一的业务能力强就可以胜任的。

对于能力强的下属来说，在平庸的上司手下工作更能春风得意地表现自己。因为如果在能力强的上司手下工作，要充分发挥自己的主观能动性是一件很难的事情。

诸葛亮和"后主"刘禅的关系可以说明弱将手下有时更能出强兵。刘禅在历史上是个典型的平庸型君主，对于一些治国方略完全依赖诸葛亮出谋定计。诸葛亮的确是一代英才，上知天文下晓地理，对治国安邦、指挥作战、发展经济都很有一套自己的办法。诸葛亮的才能之所以能够发挥得如此淋漓尽致，与他所处的宽松环境和遇到能力平平的君主有着很大的关系。试想：如果诸葛亮遇到的是一位能力极强的君主，相信这位君主是不会把军政大权完全交到诸葛亮的手里的，那么，历史上的诸葛亮恐怕也就不会名垂青史、

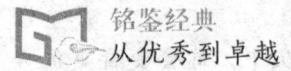

万人称颂了。

假使你真的遇到了一位平庸的上司,你也应当力争做个好下属,聪明的做法是:无论上司水平比自己低多少,都应尊重上司,这是最起码的职业规则,没有这一职业意识,无论你到哪里都不会得到重用。无论是平庸的上司,还是杰出的上司,其身上都有值得你学习之处。你要想进步成长,就应该取其长处。从这个意义上讲,他不仅是你工作上的上司,也是你成长中的老师。从你自身成长的角度来看,你把不如上司的地方都学到了,缩小了自己与上司的差距,加上你自身的优势,综合起来你的能力就大大提高了,那么你晋升的机会就指日可待。

下属是上司工作的助手,如果上司没有被提升,作为下属的你将永居其下。上司有成效,下属才有成绩。不断地推动上司发挥自己的专长,是你富有成效的关键。首先考虑上司的个人生活经历、爱好、兴趣、素质等各种原因,然后积极为上司提供发挥其专长所需要的各种条件。当然,支持上司、帮助上司并不是讨好拍马,而是工作的需要。团队的发展需要全体成员群策群力,需要大家的共同的智慧和力量,只不过上司是团队目标的领路人。你有智慧和力量不贡献出来,能说你尽职尽责了吗?贡献给上司,就是贡献给自己所在的团队,你最终肯定也会受益的。如果所有人都不帮助和支持上司工作,团队最终会是什么结果?如果团队失去了存在的价值,你自然也逃脱不了悲惨的命运。

遇到一个不如你的上司,其实也是你展示才华的好机会。如果你真正能做到尊重他,支持并帮助他,你就是一个有力量的人。

06 勇敢地承认
自己的错误与无知

1912年，罗斯福参加美国总统竞选。他在新泽西州的一个小城市发表演说时，极力强调妇女的选举权和参政权。这时，听众中突然有一个人大声喊道："你5年前不是反对妇女参政的吗？"

罗斯福听到这样的质问后并没有生气或者慌乱，他坦率地说道："是的，5年前我因为学识有限，所以有了那个错误的主张，现在我已经有了进步。"听众们因为他真诚地承认错误而感动，就连提出疑问的人也无话可说了。

像罗斯福这样伟大的人物，都能够面对公众坦诚地承认自己的错误，何况我们这些普通人呢？一个人的精力是有限的，他掌握的知识和信息也是有限的，不可能穷尽一切，承认自己也有错的时候、也有认识不足的地方，正说明他对自己对世界都有一个正确的认识。

玛丽·凯阿什女士是泛美广告传媒公司的总裁。有一次，一位下属因欠缺经验而使一笔款子难以收回。玛丽·凯阿什女士对此勃然大怒，在会议上狠狠地批评了他。但是在气消之后，她为自己的过激言行深感不安。因为她自己也应该对这件事情负一定的责任。

想通之后，她立刻打电话给那位下属。她说："对不起，我当时太激动了，希望并没有给你的工作情绪造成太坏的影响。问题并不完全在于你，其实我知道你是负责而且尽力的。我想我们应该忘掉那可怕的一天，重新迎接新一天的到来。"

玛丽·凯阿什女士诚恳的道歉使这位下属一时间有些不知所措，他深受感动，反过来连连致歉。后来，在这位下属的坚持努力下，那笔款子成功地收回了。从那以后，那个下属再也没有犯过类似错误，并且对公司忠心耿耿。

只有傻瓜才会为自己的错误强词夺理地辩解，如果你是一个明智的人，如果你错了，就请大胆地承认。不承认有错误，甚至在别人指出你的错误时断然否定，对你的成长和发展是不利的。而且，以后将不会有人善意地提醒你的不足甚至错误之处，试想一下，后果是不是很严重呢？

可能我们都会产生这样的错觉：我应该知道那个问题的答案；我应该知道那件事；我应该是听懂了……要知道，世上没有全知全能的人，更没有人期望你懂得所有事情，指望你把所有的事都做得极其完美。对于你不知道的事情，一旦你不假思索地脱口而出，就可能制造了一个错误或者谎言。勇敢地承认"我不知道"，不但可以立即得到正确的信息，还可能给人以谦虚的印象，从而使你赢得别人的尊重。

第六章
责任感成就卓越的人生

责任,是工作出色的前提,是职业素质的核心。培养员工的责任感,努力将工作做得更完美,这是时代和企业对员工的双重要求。一名员工有了责任感,才能有激情、有奉献,才会力争把自己的工作做到尽善尽美,才能成就卓越的人生。

铭鉴经典
从优秀到卓越

01 责任心
   使人卓越

有这样一则关于责任心的寓言：三只老鼠一同去偷油喝。找到了一个油瓶，三只老鼠商量，一只踩着一只的肩膀，轮流上去喝油。于是三只老鼠开始叠罗汉，当最后一只老鼠刚刚爬到另外两只的肩膀上，不知什么原因，油瓶倒了，最后，惊动了人，三只老鼠逃跑了。回到老鼠窝，大家开会讨论为什么会失败。

最上面的老鼠说，我没有喝到油，而且推倒了油瓶，是因为下面第二只老鼠抖动了一下，所以我推倒了油瓶。第二只老鼠说，我抖了一下，但我感觉到第三只老鼠也抽搐了一下，我才抖动了一下。第三只老鼠说："对，对，我因为好像听见门外有猫的叫声，所以抖了一下。"

责任意味着一种担当，一种约束，一种压力。

威灵顿曾说："我来到这里是为了履行我的责任，除此之外，我既不会做也不能做任何贪图享乐的事。"每一个人都有着不可推

第六章
责任感成就卓越的人生

卸的责任。面对责任，有的人选择逃避，把责任视为他们身上的累赘；有的人勇于承担，把责任当作他们奋斗的动力。

古往今来的大人物，之所以能够成就一番事业，和他们的心胸、眼界密切相关。他们无不是心中包罗万象、以天下为己任的人。他们之所以有如此的魄力和勇气去成就一番事业，正是因为他们都是有责任心的人。一个有责任心的人，必是一个对自己负责、对别人尽责的人，他们受到周围人的尊重、信服与支持。

责任指的是分内之事，而责任心指的是对责任发自内心的认同与承担。有责任心的人，承担责任时是心甘情愿的，不需要外力的约束。

美国西点军校就十分强调学员责任心的培养：每个学员无论在什么时候，无论在什么地方，无论穿军装与否，也无论是在担任警卫、值勤等公务，还是在进行自己的私人活动，都有义务、有责任履行自己的职责，而这一出发点不是为了获得奖赏或逃避惩罚，是出自内在的责任感。正是这种严格的要求，使每一个从西点毕业的学员获益匪浅。

一个有责任心的人，会时时刻刻问自己：我做得怎么样？我还有哪些地方需要改进？这样的人，无论是员工，还是老板、官员，都在发挥自己的最大能力把事做到最好。曾有一位著名的企业家说："当我们的公司遭遇到前所未有的危机时，我突然不知道什么叫害怕了，我知道必须依靠我的智慧和勇气去战胜它，因为在我的身后还有那么多人，可能就因为我，他们从此倒下。我不能让他们倒下，这是我的责任。所以我在最艰难的时候，才变得异常的勇敢。**当我们走出困境的时候，我对自己的勇敢难以置信，我会这么**

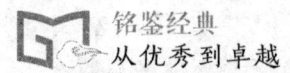

勇敢吗？是的，那一次遭遇让我真正明白了，唯有责任，才会让你超越自身的懦弱，真正勇敢起来。"

一位马耳他王子路过一间公寓时看到他的一个仆人正紧紧地抱着主人的一双拖鞋睡觉，他上去试图把那双拖鞋拽出来，却把仆人惊醒了。这件事给这位王子留下了很深的印象，他立即得出结论：对小事都如此小心的人一定很忠诚，可以委以重任，所以他便把那个仆人升为自己的贴身侍卫，结果证明这位王子的判断是正确的。那个年轻人很快升到了事务处，又一步一步当上了马耳他的军队司令，最后他的英名传遍了整个西印度群岛地区。

或许在他人眼里，仆人的行为近乎可笑。但是为王子服务却是他的职责，哪怕在睡梦中依然坚守自己的职责。这样地尽职尽责，才使他得到了王子的重用。

人的一生，对家人、对工作、对社会，都有许多必尽的义务。我们的家庭需要责任，因为责任让家庭充满爱；我们的社会需要责任，因为责任能够让社会和谐、稳健地发展；我们的企业需要责任，因为责任让企业更有凝聚力、战斗力和竞争力。责任是一个凝结着厚重的字眼，它是一种承诺，在它身上承载着一个不渝的使命，只有忠实地履行这个使命，才意味着责任的实现。

罗杰斯自己开了一家裁缝店，由于他干活认真，价格又便宜，很快就声名远扬，许多人慕名而来找他做衣服。

有一天，贝勒太太让罗杰斯为她做一套晚礼服。罗杰斯做完的时候，发现袖子比贝勒太太要求的长了半寸。但贝勒太太马上就要来取这套晚礼服并要穿着它出席一场晚会，罗杰斯已经来不及修改衣服了。

第六章
责任感成就卓越的人生

不久,贝勒太太来到了罗杰斯的店中,她穿上了晚礼服在镜子前照来照去,同时不住地称赞罗杰斯的手艺,当她按说好的价格付钱给罗杰斯时,却被罗杰斯拒绝了,贝勒太太非常纳闷。

罗杰斯解释说:"太太,我不能收您的钱。因为我把晚礼服的袖子做长了半寸,为此我很抱歉。如果您能再给我一点时间,我非常愿意把它修改到您需要的尺寸。"

听了罗杰斯的话后,贝勒太太一再表示她对晚礼服很满意,她不介意那半寸。但不管贝勒太太怎么说,罗杰斯无论如何也不肯收她的钱,最后贝勒太太只好让步。

在去参加晚会的路上,贝勒太太对丈夫说:"罗杰斯以后一定会出名的,他一丝不苟的工作态度让我震惊。"

贝勒太太的话说得一点也没错,后来,罗杰斯果然成为一位世界闻名的高级服装设计大师。

在一般人看来,只要贝勒太太不提出意见,罗杰斯完全没有必要承认失误。然而,罗杰斯不仅承认了失误,而且主动对自己的工作结果承担了责任。虽然承担责任不是做给别人看的,但是一旦你做到了这一点,就会影响到其他人。别人可能没有你做得好,但只要做了,就能看出他已经意识到并承担了自己的责任。

责任让人坚强,责任让人勇敢,责任让人卓越——这就是责任的力量。

第六章
责任感成就卓越的人生

02 勇于负责的精神
   是改变一切的力量

做大事就要有大担当，负责任是一个创业者做大事的基础。一位伟人说："人生所有的履历都必须排在勇于负责的精神之后。"勇于负责的精神是改变一切的力量，它可以改变你平庸的生活状态，使你变得杰出和优秀；它可以帮你赢得别人的信任和尊重，从而帮你建立高质量的人际关系；更重要的是，它可以使你成为好机会的座上宾，频频获得她的眷顾，从而扭转向下的职业轨迹。如果你已经足够聪明和勤奋，但依然成绩平庸，那么就请检视自己是否具有勇于负责的精神。只要拥有了它，你就可以获得改变一切的力量。

在今天这个商业化的社会里，老板更是欣赏那些敢于承担责任的员工。因为只有这样的人才能给人以信赖感，值得去交往。也只有这样的人，才具备开拓精神，才会受到别人的重视和提拔。

一个普通的员工，一旦具备了勇于负责的精神之后，他的能力就能够得到充分的发挥，他的潜力也能够不断地被挖掘出来，因而为公司创造出巨大的效益。同时，也让他本人的事业不断向前发展。

安妮是一家大公司办公室的打字员。有一天中午，同事们都出去吃饭了，唯有她一个人还留在办公室里收拾东西。这时，一个董事走进来，想找一些信件。尽管这并不是安妮分内的工作，但是，她依然回答："尽管这些信件我一无所知，但是，我会尽快帮您找到它们，并将它们放在您的办公室里。"当她将那位董事所需要的东西放在他的办公桌上时，这位董事显得格外高兴。

四个星期后，在一次公司的管理会议上，有一个更高职位的空缺。总裁征求这位董事的意见，这时他想起了那位勇于负责的女孩——安妮。于是，他推荐了她，安妮的职位一下子升了两级。

美国塞文事务机器公司董事长保罗·查莱普说："我警告我们公司里的人，如果有谁做错了事，而不敢承担责任，我就开除他。

第六章
责任感成就卓越的人生

因为这样做的人,显然对我们公司没有足够的兴趣,也说明了他这个人缺乏责任心,根本不够资格成为我们公司里的一员。"

勇于负责是一种积极进取的精神。当一个人想要实现自己内心的梦想,下定决心改变自己的生活境况和人生境遇时,首先要改变的是自己的思想和认识。要学会从责任的角度入手,以勇于负责的态度对待自己的工作,那样一切都会有所改变。

勇于负责的精神说到底就是一种踏踏实实把事情做好、做到底的态度。

无论做什么工作,都应该静下心来,脚踏实地地去做。要知道,你把时间花在哪里,你就会在哪里看到成绩。只要你是勇于负责、认认真真地在做,你的成绩就会被大家看在眼里,你的行为就会受到上司的赞赏和鼓励。

"千里之行,始于足下。"任何一项伟大的工程都始于一砖一瓦的堆积,任何耀眼的成功也都是从一步一步中开始的。聚沙成塔,集腋成裘,不管我们现在所做的工作多么微不足道,我们也必须以高度负责的精神做好它。成功也正是在这一点一滴的积累中获得的。

那些在职场上表现平庸的人都有以下共性:不受约束,不严格要求自己,也不认真负责地履行自己的职责;面对一切岗位制度和公司纪律,都在内心深处嗤之以鼻,对一切指导和建议都持抵触情绪和怀疑态度;在工作中,经常以玩世不恭的姿态对待自己的工作和职责;对自己所在机构或公司的工作报以嘲讽的态度,稍有不顺就频繁跳槽;老板或上司稍加疏忽便自我懈怠,自甘堕落;如果无人监督,工作起来就会三心二意;对工作推诿塞责,故步自封……无论什么工作,他们都不会认真对待,而这样造成的结果也只能是年华空耗，事业无成。以这种态度面对工作和生活还谈什么谋求自我发展、提升自己的人生境界、改变自己的人生境遇、实现自己的人生梦想呢？

只要你还是公司的一员，就应该丢掉头脑中的消极懒散的思想，把全部身心都投入到自己的工作之中，以勇于负责的精神去面对自己的工作，时时处处为公司着想。只有真正具备勇于负责精神的员工，才会被老板或公司赏识，才会获得全面的信任，并获得重要职位，拥有更广阔的工作舞台。这时候，想要发展自己的事业也就指日可待，胜券在握了。

生活总是会给每个人回报的，无论是荣誉还是财富，条件是你必须转变自己的思想和认识，努力培养自己勇于负责的工作精神。一个人只有具备了勇于负责的精神之后，才会产生改变一切的力量。

一个人要想赢得别人的敬重，让自己活得有尊严，就应该勇敢地承担起责任，一个没有良好的出身、优越的地位的人，只要他能够勤奋地工作，认真、负责地处理日常工作中的事务，就会赢得别人的敬重和支持。反之，一个人即使高高在上，却不敢承担责任，丧失了基本的职业道德，定会遭到他人的鄙视和唾弃。

泰勒是一家大型汽车制造公司的车间经理，手下管着一百多个安装技工。有一次，他带着几名员工安装一辆高级小轿车，安装完毕，恰逢总裁和他的几个朋友到车间巡视，其中有一位发现了这辆小轿车安装上的失误，因为总裁在场，泰勒怕自己挨训，当即便把责任推给了他的下属。总裁一看他这种做法，勃然大怒，当着全车间的人，把他训斥了一顿。

"责任到此，不能再推"，这是美国第33届总统杜鲁门的座

第六章
责任感成就卓越的人生

右铭。他用这句话时刻提醒自己要勇于负责,不能把宝贵的时间和精力浪费在如何推脱责任上。对每位员工来说,请记住这八个字吧,因为只有你具备了勇于负责的精神,才会离成功越来越近。

03 热爱工作，
　　增强自己的责任感

无论从事怎样的工作，都应该尽职尽责地把自己的本职工作做好，因为选择了工作，就等于选择了责任。你要从事一份工作，就必须承担起一份工作的责任。

在一列火车上，有一位妇女将要临产。列车员广播通知，紧急寻找一位妇产科医生。这个时候，有一位妇女站了出来，她说自己在妇产科工作，列车长赶忙把她带入一间用床单隔开的病房。

毛巾、热水、剪刀、钳子等器材都到位了，只等最关键的时刻到来。那位自称是妇产科的妇女此刻非常着急，将列车长拉到产房外，说产妇的情况非常紧急，并告诉列车长自己其实是妇产科的一名护士，并且因为一次医疗事故被医院开除了。今天这个产妇情况不好，人命关天，她自知能力不够，建议立即送往医院抢救。此时，产妇由于难产非常痛苦地尖叫着，而列车行驶在京广线上，距最近的一站还要行驶一个多小时。列车长郑重地对她说："你虽然

第六章
责任感成就卓越的人生

只是一名护士,但在这趟列车上,你就是医生,我们相信你!"

列车长的话感染了这名护士,她开始变得镇定,但走进产房时又问:"如果在不得已时,是保小孩还是保大人?"

"我们相信你!"列车长又郑重地重复了一遍。这位妇女明白了,坚定地走进产房。列车长轻轻地安慰产妇,说现在正由一名专家给她助产,请她安静下来好好配合。

经过了漫长地等待,婴儿洪亮的啼哭声宣告了母子平安,人们悬着的心终于落下。那位妇女几乎单独完成了这个手术。这是她从业以来碰到的难度最大的手术,但同时也是她第一次独立完成而且成功了的手术,创造了这一奇迹的正是强烈的责任感。

强烈的责任感能激发一个人的潜能,增强他的勇气,在困难和挑战面前,不会选择逃避,而是充分挖掘自身的潜能解决问题。在强烈的责任感的驱使下,能力再平庸的人也会成为拥有无限力量的超人,克服万难,从而取得令人惊讶的优秀成绩。

当一个人对工作充满责任感时,就能从中学到更多的知识,积累更多的经验,就能从全身心投入工作的过程中找到快乐。有责任感的员工,不仅仅要完成他自己分内的工作,而且他会时时刻刻为企业着想。老板也会为拥有能够如此关爱自己的企业、关注着公司发展的员工感到骄傲。而事实上,也只有那些具有责任感的人,才有可能被赋予更多的使命,才有资格获得更大的荣誉。

责任感是人们战胜工作中诸多困难的强大精神力量,使人们有勇气排除万难,甚至可以把"不可能完成"的任务完成得相当出色。他们不会放过任何一个锻炼自己和提高自己能力的机会,除非一个难题超出了自己的能力范围,否则他是不会求助他人来处理的。对于那些真正超出自己能力的困难,他们会把它变成向别人学习的机会。积极主动是他们的做事风格,他们从不等待,从不等人吩咐,有时上司还未想到的问题他们已经做好了。正是在这种积极主动中,他们发现了更多别人未曾注意的机会,从而获得了更加广阔的舞台。

一个人不论从事何种职业,都应该有责任感,敬重自己的工作,在工作中表现出忠于职守、尽心尽责的精神,这才是真正的负责,才是敬业。要想增强自己的责任感,从而找到人生的出路,就必须做到以下几点:

（1）端正自己的态度。一个人只有具备了良好的态度，才会产生强烈的责任感。

（2）要有远大的人生目标。目标是指路的明灯，它指引着正确的航向，为了实现目标，我们才会具有强烈的责任感。

（3）一心想为自己的理想和事业奋斗，心无旁骛。

（4）要有"博爱"思想。爱自己，也爱家人、亲戚、朋友。为了让他们过得幸福和快乐而努力奋斗，由此会生出一股强烈的责任感。

04 推卸责任的人
　　将被淘汰出局

　　智者千虑，必有一失。即使是再优秀的员工，工作中也不能保证完全没有差错。然而，生活中，为自己的错误竭力开脱的人却比比皆是，他们以为这样会把责任推得一干二净，可以保全自己"从不犯错"的良好形象，殊不知，上司能够容忍员工犯错，但却无法宽恕一个人推脱责任。

　　在老板看来，一个员工对待错误的态度可以直接反映出他的敬业精神和道德品行。具有强烈敬业精神的员工会勇于面对错误，敢于承担一切责任，对工作负责到底。

　　正如艾克松集团的副总裁爱德·休斯所说："工作出现问题是自己的责任的话，应该勇于承认，并设法改善。慌忙推卸责任并置之度外，以为老板不会察觉，未免太低估老板了。我不愿意让那些热衷于推卸责任的员工来做我的部下，这会使我不踏实。"

　　许多人怕犯下错误后承担责任，便想出了一个自以为很聪明的

第六章
责任感成就卓越的人生

办法:"不做任何决定。"他们认为不做决定就不会犯错,自己也就不必去承担什么责任。这是一种极其荒谬的做法!

通常这种不做任何决定、推卸责任的人会有以下几种表现:

(1)尽量拖延,等待别人做决定。

(2)找一个替罪羊,让别人当场做决定,自己按照别人的决定行事。错了,责任也不在自己。

(3)事无大小,一律向上司请教,按照上司的指令行事,自己也好逃避责任。

(4)只做一些不会给自己带来困扰、任何情况下都不会出纰漏的决定。

工作上的每一次错误,都代表着一次经验的增长,代表着一次能力的提升。敢于对工作上的错误负责,就拥有了客观认识工作错误的正确心态,这体现了一名员工勇于面对错误、实事求是的工作精神。把工作交给这样的员工是令人放心的。

在公司里,每个部门、每个员工都有着明确的职责。但是,也总会有一些突发事件或者意外的任务,并没有明确地划分到哪个部门或哪个人,而这些事情往往都是比较紧急或重要的。如果你是一名有责任感的员工,在处理这些事务时,如果不小心把事情办砸了,就要勇敢地承担起责任来,千万不要为了推卸责任,而寻找借口,嫁祸他人。这样的话,不但于事无补,还会为自己带来严重的后果。一次,公司委托约翰和戴维将一件非常贵重的古董送往码头。出乎意料的事发生了,他们的送货车半路抛锚了。公司有规定：如果不能按时将物品送到指定地点，将会被扣掉部分奖金。于是，约翰背起古董，一路小跑，向码头奔去，终于在规定的时间内赶到了码头。这时，跟在身后的戴维心想：如果客户看到我背着古董，说不定会把这件事告诉老板，而老板要是知道了肯定会给我加薪。于是，戴维对约翰说："让我来背吧，你去叫货主。"

当约翰把古董递给戴维的时候，戴维一下子没接住，古董掉在了地上，摔得粉碎。他们都明白古董碎了意味着什么，工作不但不保，他们可能还会因此背负沉重的债务。果然，老板知道后非常严厉地批评了他们。喜欢打小算盘的戴维趁约翰不注意，偷偷来到办公室，对老板说："老板，这不是我的错，是约翰不小心把古董摔碎了。"老板紧接着又把约翰叫到了办公室。约翰将事情的原委详细说了一遍，对老板说："这件事是我们的失职。另外，戴维家境不好，我愿意承担全部责任。我一定会想方设法弥补我们给公司造成的巨大损失。"

戴维和约翰一直在等待着老板的处理结果。第三天，老板把他们

第六章
责任感成就卓越的人生

俩叫到了办公室，对他们说："戴维，从明天开始你就不用再来上班了。约翰，你是一名负责任的好员工，继续留在公司，好好干吧。"

"其实，古董的主人看到了你们俩递接古董的全过程，并向我述说了他看到的事实。另外，问题出现之后，你们两人的不同反应，我也都清楚了。"老板最后说。

戴维因为推卸责任而失业。作为公司的一员，不要一出现失误，便寻找理由，证明自己的清白，为自己辩护、开脱。一个不愿承担责任的人是不可能得到上司的赏识的，更不可能在这个社会上生存下去。企业不需要逃避责任的员工，同样，社会也不会善待逃避责任的人。

英国成功学家格兰特说过这样一句话："如果你有自己系鞋带的能力，你就有上天摘星星的机会！"所以，我们应该改变自己的行为，把推卸责任、嫁祸他人的时间和精力用到自己的工作之中，勇敢地挑战自己的责任，坦率地承认自己工作中的失误，从失败中找出教训。这样，才会让自己的工作和事业发生质的飞跃。

如果你受雇于某个公司，就发誓对工作竭尽全力、主动负责吧，只要你还想让自己的事业能够有所发展。没有责任就没有尊重，没有责任更不可能成功。一个逃避责任的人注定失败，而一个勇敢承担责任的人，即使没有傲人的成就，也是一个生活中真正的强者，真正的赢家。

05 不要问公司给了你什么，
   要问你为公司做了些什么

在现实的工作中，有很多员工只知道抱怨公司，却不反省自己的工作态度。他们整天应付工作，并经常发出这样的牢骚：

"瞧瞧，每月只有这么一点微薄的薪水，还不够生活费，怎么能提起精神来好好工作呢？"

"我们辛辛苦苦干了一个星期，想要休息都不行，还得不停地加班。这种情况下，我们怎么能心甘情愿地做好工作呢？"

"别的公司的员工不但工资高，而且福利也特别好。不但每月有礼物，年底还有长时间的休假和公费旅游，而我们呢，什么都没有。这怎么能调动起我们的积极性呢？"

这些人就是这样为自己的不负责任开脱的。他们以为这样可以"报复"一下上司，殊不知，这种做法最终"报复"的正是他们自己。他们失去了工作的动力，不能全身心地投入工作中，更不能在工作中取得斐然的成绩。最终，聪明反被聪明误，失去了本应属于

第六章
责任感成就卓越的人生

自己的升迁和加薪机会。

所以,任何时候都不要问公司给了你什么,而要问你为公司做了什么。如果你在工作上兢兢业业、恪尽职守、主动负责,并且取得了相当不错的成绩,上司一定会注意到你,并给你你想要的。但如果你敷衍了事,应付工作,逃避责任,那么,你所得到的只能是低薪、低职位,甚至一纸辞退信。

在为自己"可怜"的收入不平之前,先想想自己究竟为公司做了什么。如果你把大部分时间都浪费在找"合理的托词"逃避责任而不是解决问题上,那么就改变这种不负责任的消极工作方式,增强自己的责任感,主动负责吧,这样才能扭转事业困境,改善职业生涯。

在工作中,每个员工都难免会犯一些错误,自己的过错要自己承担,这是每个人的责任和义务。千万不要惧怕伴随错误而来的负面影响,一味地隐藏错误或为自己的错误寻找开脱的借口。有这样一句话:"没有卑微的工作,只有卑微的工作态度。"相同的工作用消极的态度与积极的态度去做,效果会截然不同。既然是必须做的事情,无法推脱,为何不积极去面对呢?与其埋怨工作,不如行动起来将事情处理好。

一位名人说过:"认错是改正的一半。"而另一半就是采取一切可能的措施去弥补自己的过错,这不仅可以将由错误造成的损失最小化,还可以让老板更进一步了解你的能力和潜在价值。

在现实的工作中,还有一些员工好高骛远,不能踏踏实实地工作,工作中出现一些小问题也不愿深究,听之任之。他们所持的观点是:如果我所犯的错误性质十分严重,我一定会承认的;如果是芝麻大的一点小错,再去认真计较,难免有点小题大做,根本没有这个必要。这种观点是极其错误的。

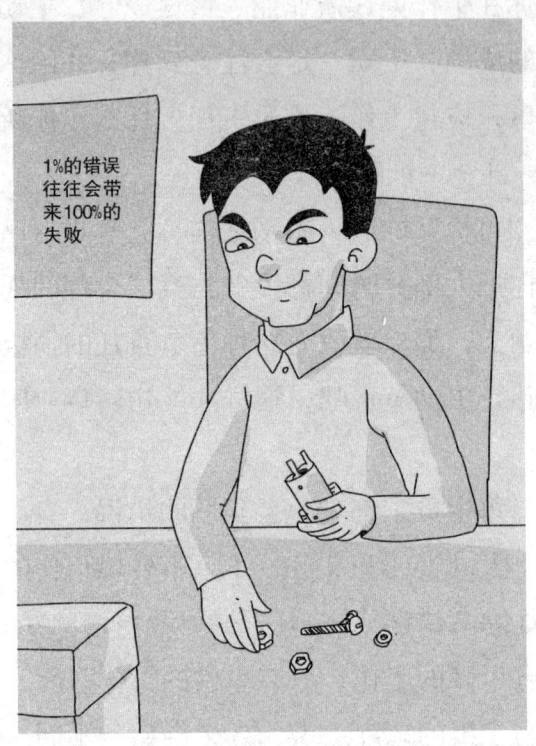

工作无小事,更无小错,1%的错误往往可能带来100%的失败。在一次登月行动中,美国的飞船已经到达月球却无法着陆,最终以失败告终。事后,科学家们在查找原因时发现,原来是因为一节价值30美元的电池出了问题。起飞前,工程人员在做检查工作时只重点检查了关键部位,却把它给忽略了。结果,一节30美元的电池让几十亿美元的投资和科学家们的全部心血付诸东流。

没有什么事是不可能的,任何一个小错误都有可能引起严重的后果,造成不可挽回的损失。所以说,承认错误,勇于承担责任应

第六章
责任感成就卓越的人生

从小错开始。假如你总是无视小错,而不去关注它,积极改正它,那么失败和低水平表现就会变成理所当然的事。

美国总统肯尼迪在就职演说中说过一句话:"不要问美国给了你们什么,要问你们为美国做了什么。"这句话曾激励了一代又一代美国青年积极主动地为自己的行为和现在所处的糟糕情况负责任。正是这种负责精神使他们找到了突破困境走向成功的真正法门,使美国经济实现了腾飞。负责精神是改变一切的力量,如果你的职业陷入困境,事业步入低谷,不要抱怨和心存不满,要先问问自己为公司做了什么,只有这样才能积蓄起破除事业坚冰的力量。

总之,无论你从事什么工作,无论你面对的工作环境怎样,你都应该认真对待,尽力完成自己应该做的事情,勇于负责,总有一天,你能够随心所欲地做自己想做的事,赢得自己想要的体面生活。

06 积极地从正面
   思考问题

对待某一事物,你是如何思考,你就有什么样的看法;你有什么看法,就会得到什么样的结果。

"小王到公司才两年,可是,升职加薪都有他的份。唉,比起逢迎拍马,我可是一点也不如他!"

"我到公司这么多年了,按理说,没有功劳也有苦劳,为什么却一直升不上去?一定是有人看我不顺眼,故意算计我!"

……

因工作暂时受挫,埋怨生不逢时;因不受上司赏识,哀叹怀才不遇。这些人把自己、别人或任何事情都看得太严重,心里稍有不平衡便不断地抱怨,满腹牢骚,看谁都不顺眼,仿佛世界上所有人都做了对不起他的事。不但如此,他们还整天喋喋不休地到处找人发泄不满,甚至大放厥词,自己抱怨也就罢了,还老想把别人也拉下水。

第六章
责任感成就卓越的人生

抱怨或牢骚通常因不满而引起，人们在遭遇挫折或不当待遇时，难免会发出不平之鸣，并且希望引起别人的注意与同情，这是一种正常现象。但是职场中有一些人总认为自己学富五车、才高八斗，却是生不逢时，得不到老板的赏识和提拔。于是经常抱怨，一副怀才不遇的模样。

贺宇的业绩名列整个集团公司的第五名。按照惯例，业绩在公司前六名的员工可获得2万元年终奖金。贺宇兴奋极了，他都盘算好了怎么安排这笔钱：1万元存在银行，另外1万元好好与老婆享受一回，想买啥就买啥。

可万万没想到的是，公司公布的奖金名单上竟然没有他的名字，第七名都入围了，唯独裁掉了他，凭什么？

贺宇怒气冲冲地去找上司讨个说法。上司看到他一点也不意外，说这次绩效考核，不仅看业绩，而且还要看平时的表现，尤其是个人的心态。很多同事都反映你的牢骚与抱怨太多了，打击了公司的团队合作士气，甚至让同事间彼此产生很多误会，导致一些客户流失，所以，公司决定取消你的奖金资格。

上司的一番话，像一记炸雷撞击着贺宇的心。他先是诧异，继而愤怒，接着是羞愧，他低下了头，脸上阵阵发烧，上司安慰地拍拍他的肩膀，语重心长地说："我能理解你现在的心情，回去好好反思反思，相信明年见到的你会是一个全新的你。"

贺宇一言不发地走出了上司的办公室，对于上司所说的话，他几乎找不到一点反驳的理由，因为他平时的确像上司说的那样，爱发牢骚，爱抱怨，同事们都私下里叫他"抱怨鬼"。一整天，贺宇都被这个问题纠缠。他从来没有意识到，牢骚也会影响到他的生存大计。

不管在哪一个公司里，都会有不尽如人意的事，这完全要看个人的处理心态。有些人会积极地从正面思考，日子过得照样轻松潇洒。但有些人就爱钻牛角尖，存心给自己找麻烦。

要知道，成功不会在一夜降临，如果你还没有获得加薪、提升的机会，不要抱怨，不要牢骚。要知道，是金子，总会发光的。

实际上，许多抱怨并非来自工作本身，而是源于自己的思想。你之所以不能成功的根本原因还在于你自己，只有你自己在行为上真正改变过来，从思想根源上认清问题，才能改变你所面临的困境。你抱怨行为的本身，正说明你倒霉的处境是咎由自取——抱怨

第六章
责任感成就卓越的人生

就是罪魁祸首。

要避免抱怨，就必须尝试正面思考，遇到不如意的事先想解决的办法，如何做才对你最有利。当你认清负面态度有多荒谬之后，你就会改变自己了。一个明智的员工，永远不会心存抱怨。

尝试着积极地从正面思考问题吧，它所需要的只是一个简单的决定，决定阻止自己的负面思考的习惯。当牢骚或抱怨浮上心头，负面思考的想法冒上来时，你要轻轻把它赶走，不要让它影响你的心态，好比赶走野餐上的苍蝇一般，然后代之以正面思考，这样，你很快就会习惯于没有抱怨的生活所带来的美好感，从而享受随着你的正面态度而来的成功。

第七章
每个人都是不平凡的

  我们每个人都是独一无二的,尽管构成人体的基本因素相同,但我们每个人的生命都很奇妙地自成一格,绝不与人雷同,所以我们每个人都是不平凡的。如果我们能学会接受自己,看清自己的长处,明白自己的短处,便能踏稳脚步,达到目标。

铭鉴经典
从优秀到卓越

01 有"智"者事竟成

　　能够在岗位上获得成功的员工，是那些肯动脑子的员工。他们办事情不是用手，而是用脑。

　　美国第一颗人造卫星准备发射前，有一位公司的老总给有关部门写了一封信，想在卫星外面做公司的宣传广告。有关人员听了后，一致认为他有神经病，根本不予理睬。

　　可是这位老总却很认真，一直不间断地写信，大有非要做成这个广告不可的架势。后来，这件事情被传开了，所有人都觉得很新鲜，在卫星上做广告，谁能看得见呢？一个谁也看不见的广告有什么意义？难道是做给外星人看的吗？

　　直至卫星真的发射成功了，这位老总的要求也没有被批准，但却被媒体炒得沸沸扬扬。短短的时间内，这位老总和他的公司在美国家喻户晓，知名度大大提高，公司产品的销量也节节攀升。

　　后来，记者在采访这位老总时问道："您怎么会想到在卫星上

第七章
每个人都是不平凡的

做广告呢？"

这位老总笑笑说："当时我的公司刚刚起步，根本没有足够的资金去做广告。为了达到宣传目的，我只能找一个根本不可行的办法，一分钱没花，却比花了钱的广告效果还要好上千倍。"

心理学家的研究结果表明，我们所使用的能力，只有我们所具备能力的2%～5%。不断挖掘你的智慧，将这些可贵的资源应用在工作里，一旦遇到问题，你就能化缺点为优点，化弊端为有利，化腐朽为神奇。

成功需要智慧。为了成功，我们不能单纯地依靠勤奋、努力进取，还需要拥有智慧。如果我们只是死板地去追求成功的话，那么就很难在激烈的社会竞争中出人头地！只有把绝境化为世外桃源，把不可能的事情变为现实，这样才能体会到成功的喜悦，实现自身的价值。

我们在切苹果时一般总是从苹果的蒂落处落刀，把它一分为二。如果把它横放在桌上，然后拦腰切开，展现在我们眼前的则是一个清晰的五角形图案。这让人不免感叹，吃了多年的苹果，我们却从来没发现过苹果里面竟然会有五角形图案，而仅仅换了一种切法，就发现了鲜为人知的秘密。

我们的生存方式，完全决定于我们的思考方式。如果我们想的都是伤感的事情，我们就会悲伤；如果我们想的都是失败，我们就会失败；如果我们沉浸在自怜里，大家就会远离我们……为了改变我们的生存方式，我们可以选择别出心裁，换一种方式或换个角度看问题，如此往往会给我们带来新的契机。

每个人都想成功，要想独辟蹊径，就需要有足够的智慧与才能，并且有足够的能力绝处逢生。多动脑，发展你潜在的智慧，多思考生活中可能存在的困难，唯有用智慧去做事，才会别出心裁、与众不同，才能取得成功。

早期的吸尘装置是用手或脚去操作，也有借助打扫器上的轮子来进行操作，它们都是使用风箱进行吸尘的。但这种吸尘器巨大而且笨重，需要两个人来操纵，一人转动曲柄或风箱的踏板，而另外一个人则拿着吸嘴对着地板吸尘。当地毯开始流行，并进入大量家庭后，对地毯的清扫便成为一件让人烦恼的事。一些发明家开始研制一种能迅速顺利地吸掉地毯上的灰尘和赃物的器械。

1876年，地毯清扫器诞生，这种清扫器有一个容纳灰尘的箱子，并能根据地面的情况更新清扫刷。很快，清扫器被用于维多利亚女王的宫廷和苏格兰的草坪上。

1901年，英国土木工程师布斯到伦敦莱斯特广场帝国音乐厅，去观看美国生产的一种车厢除尘器的演示。这是一种用机器把灰尘吹走的吸尘器，布斯看后并不赞赏。他觉得不能采用吹走的办法来

第七章
每个人都是不平凡的

清除灰尘，而应采取先将灰尘吸入机器中，再清理的办法。但当他把自己的建议解释给大家听时，大家告诉他说他们已经试过了，结果不尽如人意。

布斯回家以后，便趴到地板上，用一块手巾蒙住嘴使劲地吸，结果，手巾背面沾上了很多的灰尘。布斯心中十分高兴，又反复进行实验，终于发明了世界上第一台实用的真空吸尘器。

1901年8月，布斯组建了一家真空吸尘器公司。但是，布斯发明的吸尘器体积很庞大，而且还需要以汽油发动机来驱动。

布斯为了解决这个问题，又对他的吸尘器进行大胆设计和改进，后来，终于发明了家用小型吸尘器。美中不足的是，它仍然有40多公斤重。

在布斯发明吸尘器之前，已经出现了用机器把灰尘吹走的吸尘器。布斯觉得这种向外吹的吸尘器不理想，他运用逆向思维，设计了一种真空吸尘器。从此，吸尘器由"向外吹"变成"吸进来"，效果也很好。

美国作曲家格什温成就卓越，闻名遐迩，但他还想向法国作曲家、歌剧《茶花女》的作者威尔第学作曲。于是，他远渡重洋，来到巴黎，没想到威尔第却一口回绝了格什温的请求，并说了一句耐人寻味的话："你已经是一流的格什温了，何苦还要成为二流的威尔第呢？"

学别人不管学得有多么的像，也只能成为别人第二。走别人走过的路，将会迷失自己的脚印。大多数人总是自觉不自觉地沿着别人走的方向和路径进行思考，而不会另辟新路。其实，我们忽略了一个重要的事实，那就是：走别人没有走过的路往往更容易成功。

要想获得成功，就要有一种强烈的创新和开拓意识。如何才能做到这一点？那就是从我们未知的领域入手，向别人没有涉足的地方迈进，走一条别人没有走过的路。只有这样，我们才能成为自己领域的开拓者，并留下闪光的足迹。

一家俱乐部招聘两名工作人员，经过几轮面试，最后只剩下四男一女五名应聘者，他们分别被领进五个单间，单间里各放着已经牢牢地纠结在一起的两条尼龙绳子。主考人员宣布：谁先将两条绳子解开，谁就可以进入老板的办公室，接受老板的面试，超过30分钟仍然不能解开绳结的人将取消面试资格。过了15分钟的时间后，已走了两个男性应征者，时间过了30分钟，另外两个男性应征者仍在耐心而努力地解着绳结。而那个女子早已坐在老板的办公室里喝茶呢，老板拿出用工合同，时间一到就签约。原来，那名女子5分钟不到，就走出单间，向主考人员借了一只打火机，将那个非常牢固的绳结果断地烧化了。

让我们仔细看看周围那些成功者，他们中大多数人正是因为走了与众不同的路才获得成功的。人生漫漫旅途中，我们应该勇于走别人没有走过的路。走一条别人没有走过的路，才能成为一名开拓者。

人生要想成功，必须具备智慧，另外还需要另辟蹊径，只有这样，成功的大门才会向我们敞开。相信有"智"者事竟成。

第七章
每个人都是不平凡的

02 绝美的风光在险处

不入虎穴，焉得虎子。如果你想成功，就必须敢于冒险，不怕失败。成功常常属于那些敢于抓住时机、大胆冒险、不放弃有利机会的人。一个有雄心的人如果下定决心去做某件事，那么他就会凭借胆识的驱动和潜意识的力量，跨越前进路上的重重困难，成功也就有了切实可靠的保证。

战胜困难的过程实际上是挑战的过程，是雄鹰就要搏击长空，是强者就要挑战困难。只有作为一个挑战者，你才会深深地体会到世界竟是如此奇妙，生活是如此的美好，人生是如此的快乐；只有你是永远的挑战者，困难才会被你折服，生活才会向你微笑。

相传几千年前，江湖河泊里有一种双螯八足、形状凶恶的甲壳虫，不仅偷吃稻谷，还会用螯伤人，因此被人们称之为"夹人虫"。后来，大禹到江南治水，派壮士巴解督工，夹人虫的侵扰严重妨碍了工程。巴解便想出一个办法，在城边掘条围沟，围沟里灌进沸水。夹人虫过来后，纷纷跌入沟里被烫死。烫死的夹人虫浑身通红，发出一股诱人的鲜美香味。巴解好奇地把甲壳掰开来，一闻香味更浓。便大着胆子咬一口，谁知味道特别鲜美，比他以前吃过的东西都好吃，于是被人畏惧的害虫一下子成了家喻户晓的美食。大家为了感激敢为天下先的巴解，用解字下面加个虫字，称夹人虫为"蟹"，意思是巴解征服夹人虫，是天下第一食蟹人。

世界上总要有第一个吃螃蟹的人，要不然，世界上就不会有那么多伟大的科学家、企业家。

我们每个人都有自己一定的安全区，大部分人都愿意停留在所谓的安全区内，无意于进行任何形式的冒险，即使这种生活过得庸

第七章
每个人都是不平凡的

庸碌碌、死水一潭也不在乎。

人生永不停止的脚步是对生命的承诺，面对困难，只有知难而进，拥有敢于冒险的精神，才会有成功。

世界上最大的零售企业——沃尔玛的创始人山姆·沃尔顿就是这样一个有着极强的竞争意识和冒险精神的人。正是因为这种冒险精神让他从一个名不见经传的、老实巴交的"乡巴佬"变成了世界的零售"巨鲸"。

1918年，沃尔顿出生于美国阿肯色州的一个偏僻小镇。他的家境并不富裕，因此他从小便养成了勤俭节约的良好习惯。在沃尔顿的心中，从小就树立起了一个"对每1美元都珍重不已"的观念，这个观念影响了他后来的经营风格。他曾经说过："我们要为每一位顾客降低开支。给全世界一个机会，看一看通过节约的方式来改善所有人的生活会是什么样子的。"

1945年第二次世界大战结束，沃尔顿的家乡有一个杂货连锁店准备出售，他知道这将是自己成功的一次机会，于是他接手了这家店，随后便开始了大胆的零售变革，专卖5美分～10美分的商品。这场变革改变的不仅仅是一个国家如何购物，也改变了我们购买商品的方式和地点，它加速了美国由生产型经济向服务型经济的过渡，它甚至改变了众多美国人居住的郊区风景。

后来，山姆·沃尔顿又开始尝试着直接从制造商进货，因为这样可以节省25%的中间费用，小店的营业额由第一年的10.5万美元增加到25万美元。1951年沃尔顿以投资额两倍的价钱卖掉了这家小店，转到阿肯色州的本顿维尔镇，又在这里开了一家专卖5美分～10美分商店，并取名为"沃尔玛"。自此之后，沃尔顿一直将小镇和郊区作为选址开店的金科玉律。这一大胆的战略举措使沃尔玛在相当长的一段时间内远离了大城市的残酷竞争，在人们不注意的时候很快长成了一片森林。

后来的事实证明，山姆·沃尔顿的改革是成功的，但没有人敢说沃尔顿的变革不存在风险，这毕竟是一种全新的经营模式，如果人们不能理解和接受的话，不是意味着面临很大的失败风险吗？也许，在他之前已经有很多人想到了这个不错的主意了，但是这些人为什么没有行动呢？原因很简单，他们不敢去冒险，害怕失败。

有冒险就有失败的可能，失败是冒险的成本。世界上没有万全之策，生活中到处可见成本。有人曾说：向前迈进的成本是不能后退；偷懒的成本是失去工作；贪图享乐的成本是虚度年华；创新的成本是风险……等有了100%的保险系数再去做，那就真是什么事情也干不成了。

知难而进，敢于冒险，体现的是有志者自强不息，永远进取的精神。对于一个成大事的人来讲，生活本身就是一种光荣的冒险事业。只要你肯冒险，你的问题就已经解决了一半。只要你大胆地迈出一步，胜利就会提早来临。

犹太人的智慧宝典《塔木德》上记载："在别人不敢去的地方，才能找到最美的钻石。"也正说明了，只有敢于冒险的人，才会赢得人生辉煌。而且，那种面临风险、审慎前进的人生体验可以练就过人的胆识，这更是宝贵的精神财富。而身临逆境、勇于冒险的进取精神是成就成功人生的重要因素。

婷美集团是著名科技实业家周枫先生创建的国际化高科技民营企业。婷美能在保健行业发展如此之快，与董事长周枫创业有胆有

第七章
每个人都是不平凡的

识、敢于冒险的精神是分不开的。

当年周枫带人做婷美，一个500万元的项目，做了2年多，花了440万元还是没有做成。眼看钱就快全部花光了，合作伙伴完全失去了信心，要周枫把这个项目卖了。周枫认为这个项目非常好，坚决不能卖。合作伙伴建议："要不你自己把这个项目买下来算了。"于是，周枫就花5万元钱把这个项目买了下来。单干的周枫带着23名员工，把自己的房子抵押出去，跟几个朋友一共凑了300万元。他把其中5万元存在账上，另外的钱，他算过，一共可以在北京打2个月的广告。从当年的11月到12月底，他告诉员工，这回做成了咱们就成了；不成，你们把那5万块钱分了，算是你们的遣散费，我不会欠你们的工资的。员工们听了他的话特别感动，当时人人奋勇争先，个个无比卖力，结果婷美成功了。周枫成了亿万富翁，他的许多员工也成了千万富翁、百万富翁。

"富贵险中求"，睿智的古代智者早已为大富大贵指明了路径。越想保住既得利益而不敢进取的人，就越发不了财，赚不到钱；处处瞻前顾后、小心翼翼的人，根本不可能成功致富。走路抬头挺胸，个性豪爽，敢冒风雨，披荆斩棘，才是上帝的宠儿。因为性格乐观、甘冒风险是干好所有事情的基础。独木桥的那一边是美丽丰硕的果园，自信的人大胆地走过去，就能摘到甘甜的果实。

冒险精神对于我们每个人来讲都是十分重要的。没有冒险精神，体会不到冒险本身对生活的意义，就享受不到成功的乐趣，也就无法培养和提高人的自信心。自信在本质上是成功的积累。因此，瞻前顾后、力图避免冒险，无疑会使我们的自信丧失殆尽，更不用指望幸福、快乐会降临了。

"明知山有虎，偏向虎山行。"敢于冒险，敢作敢为，是杰出人物身上所体现出来的重要性格特征。通常情况下，冒险和成功都是相伴在一起的，尤其是在当今这个竞争激烈的社会中，在通往成功的道路上更是困难重重。如果因为害怕失败而坐守终日，甚至不愿抓住眼前的机会，那就根本无选择可言，更谈不上什么成功。

因此，你要记住，冒险可能会面临失败，但是从失败中却能学习到更多的经验。面对困难时，只有不断尝试，不断冒险，才能使自己拥有更大、更成功的事业。

03 自信是成功的基础

生活中,有许多人都不敢去追求成功,不是因为他们追求不到成功,而是因为不自信导致他们的心里默认了一个高度,这个高度常常暗示自己的潜意识:成功是不可能的,这个是没有办法做到的。事实上,一个人如何认识自我取决于人们的心理态度如何,取决于人们能否依靠自己去奋斗争取,也就是要有自信心。

1. 信心让你梦想成真。

一个人获得了巨大的成功,首先要归功于他的信心。有人说,信心是成功的一半;还有人说,信心使不可能成为可能,使可能成为现实。可见,自信心是一个人做事情的支撑力量。因此,我们要创造自信的自我,以此赢取成功。

人类历史上的杰出人物,并非个个都是"天才",而是因为他们能在正确认识自己的基础上产生自信心。正是这种坚强的信心,使他们不畏艰难险阻,在任何情况下,都能使自身处于一种最佳状态,把全部的自身能量毫无保留地发挥出来。

我们之所以与天才有一定的差距,实际上就在于我们还没有正确认识自己,没有充分发挥自己的聪明才智。其实我们完全没有必要去仰慕、崇拜天才或偶像,只要我们珍视自己的能力,充分发挥它,如果能做到这些,我们也会成为一个天才。

信心使我们变得勤劳,因为为了达到目的,我们必须不懈地、顽强地追求,才能走向成功。信心可以帮助我们在人生的各种竞争中把握方向,竭尽全力,获得成功。

爱默生说:"自信是使人走向成功的第一秘诀。"如果说你真正建立了自信,那么你就已经迈向了成功的大门。

有自信心的人也必定是一个乐观的人。他俯仰无愧,内省不疚,自觉足跟站得稳,根本没有动摇,不论在何种艰险困难的境遇中,他都不会丧失自信心,并且努力奋斗,相信自己有转败为胜的力量。

萧伯纳曾说:"年轻时,我每做十件事有九件不成功,于是我做十倍的工作。"这是一种多么乐观的自信心啊!

自信在很大程度上促进了一个人的成功,从许多成功人士的创业史中我们可见一斑。自信可以从困境中把人解救出来,可以使人在黑暗中看到成功的光芒,可以赋予人奋斗的动力。

"有志者,事竟成",其实这个"志"里也含有"信心"。对每个人的人生来说,树立一个目标,孜孜以求,日积月累,水滴石穿,最终便可到达其信心所追求的目标。世界上不存在不能成功的事,只有不知道成功或不愿意走向成功的人。爱迪生为了发明电灯,失败了5万次之后,终于成功了;从未学习过汽车制造技术的福特,经过20

第七章　每个人都是不平凡的

多年的努力，不但制造出了汽车，而且成为"汽车大王"。

2.成功源于必胜的信念。

各领域的成功人士都具备一些共同的信念，这些信念给予他们竞争优势，令他们求胜心切、信心十足、意志坚强，为得胜在所不惜。任何人都可以抱有这些信念，在个人和职业生涯中取得成功。心存必胜的信念，你将变成常胜将军。

"石油大王"保罗·盖蒂年轻的时候，便下定决心不依赖父亲开创自己的一片事业，于是他带着靠做杂工挣来的500美元来到俄克拉荷马这个地方创业。此时的他既没有资本，又没有石油开采的专业知识，只不过在父亲的石油事业耳濡目染下，有一点感性的认识。

因此，在创业之初，可谓困难重重。但是保罗·盖蒂却信心十足，坚信自己一定能干成功。天下无难事，有信心就必定能办到自己想办的事。保罗·盖蒂在俄克拉荷马看见别人一个个地挖掘油井，他想，终有一天我也能挖出有油的井。

他一天到晚四处寻觅机会，一年过去了，他没有物色到一块油田地皮，但他并没有灰心。到1915年秋末，他看到有人要出租一块地，他仔细地察看了那块地，觉得有希望，经过讨价还价后，最终以500美元把它租了下来。

有了地并不等于马上就可以挖井采油了，保罗·盖蒂组建了一个公司，准备在这块租来的地上开采石油。可是，仅有的500美元全部交了土地租金，哪还有钱买机械挖井呢？最后，他请求父亲同他合作，由父亲投资机械，占公司70%的股权。就这样，"盖蒂石油公司"可以开工挖井了。

保罗·盖蒂的父亲既没有给儿子以娇生惯养的宠爱，也没有无偿给他投资，而保罗·盖蒂也是个有骨气的儿子，他在这块地上与聘来的几个工人日夜挖掘。累了，在工地上打个盹；饿了，吃几块饼干；渴了，喝几口凉水，然后再与工人们一起拼命地干。没有人知道，他的父亲当时已经是一个有一定财富的石油老板了！

保罗·盖蒂挖的第一口井果然出石油了，而且一天可生产720桶原油。两个星期之后，他把这块地转租给别的石油公司，他从中净赚了12000美元。这个数额虽不算大，但却大大增强了他从事石油开发事业的信心，使他认识到"成功没有神秘的公式"，只要心中充满必胜的信念。

人的信念就是如此神奇，它拥有一种由愿望产生的、因为愿意相信才会相信、希望相信才会相信的力量。而只有拥有了坚定的信念，才能运用这种神奇的力量去创造我们的成功。

3. 自信的人要做就做最好。

一个人无论从事什么职业，做什么具体工作，都要想办法去战

第七章
每个人都是不平凡的

胜一切艰难险阻,依靠自己的努力,争取成为一个最优秀的人。要做就力争做到最好,不鸣则已,一鸣惊人。其实,这也是一种自信的心态,有了它,无论做什么事都不会退缩,都会迎难而上。

基安在很小的时候就随母亲从意大利来到了美国,在汽车城底特律度过了悲惨的童年,痛苦和自卑成为他的不良印痕。

他那碌碌无为的父亲告诉他:"认命吧,你将一事无成。"父亲的话令他很沮丧。

有一天,母亲告诉他:"世界上没有谁跟你一样,你是独一无二的。"从此,他心里燃起了希望之火,他认定自己是第一,没人比得上他,开始充满了自信。自信奠定了成功的基础。

他第一次去应聘,这家公司的秘书要他的名片时,他递上一张黑桃A。结果立刻得到面试的机会,经理问他:"你是黑桃A?"

"是的。"他说。

"为什么是黑桃A?"

"因为A代表第一,而我刚好是第一。"

因为这样的自信,他被录用了。后来,他果真成功了,成为世界第一。他一年推销1425辆车,创造了吉尼斯纪录。

自信是人们事业成功的阶段和不断前进的动力。在许多伟人身上,我们都可以看到超凡的自信心。任何时候都要记住,我们并不比谁卑微,别人拥有的幸福,我们一样也可以拥有,只要我们有信心,肯去努力追求,成功最终会属于我们。

04 眼光有多远，
　　成就就有多大

人站得高，才看得远。没有长远的眼光，也就不会有多大的成就。长远的眼光是一种积淀，能成就今后的人生。

成功人士通常都具有战略性眼光，即使他们在决定眼下需要的改革时也是如此。尽管他们的许多见解是以目标、质量或价值为导向的，但把注意力集中在"下一个问题是"的这种想法无疑为他们明确"未来"目标提供了催化剂——考虑未来目标是一种来自突破性思考的远见。

美国作家唐·多曼在《事业变革》一书中认为，"把眼光放长远"是踏上成功之路的一条秘诀。虽然，世事瞬息万变，无论谁也无法预测将来的事，但想要成就人生，成就事业，还是不得不去策划明天，预见未来，这就需要有远见。

在美国得克萨斯州的一个镇小学的校园里，其中一个班的8个学生被老师带到了一间很大的空房里。随后，一个陌生的中年男子

第七章
每个人都是不平凡的

走了进来。他和蔼地来到学生们的中间，给每个人都发了一粒包装十分精美的糖果，并告诉他们："这粒糖果属于你，你可以随时吃掉，但如果谁能坚持到等我回来以后再吃，那就会得到两粒同样的糖果作为奖励。"说完，他和老师一起转身离开了这里。

时间一分一秒地过去了。这粒糖果对孩子们的诱惑也越来越大，几乎不可抗拒。有一个孩子剥掉了精美的糖纸，把糖放进嘴里并发出"啧啧"的声音。受他的影响，有几个孩子忍不住了，纷纷剥开了精致的糖纸。但仍有一些孩子在千方百计地控制着自己，一直等到40分钟后那个中年男子回来。当然，那些付出等待的孩子得到了应有的奖励。

后来，这个男子跟踪这些孩子整整20年。他发现，能够控制住自己的学生，数学、语文的成绩要比那些熬不住的学生平均高出20分。这些孩子眼光比一般孩子要长远很多，从不在乎一次考试的得失，不在乎一些小诱惑。在他们参加工作后，工作业绩也比普通员工好多了。

可见，我们要想成大事，就要把目光盯在远处，确定自己人生的方向，用远大志向帮助自己，并咬紧牙关、握紧拳头，顽强地朝着自己的人生目标走下去，没有这种品性的人，是绝对不可能成大事的，甚至连小事都做不成。

清代"红顶商人"的胡雪岩说："做生意顶要紧的是眼光，看得到一省，就能做一省的生意；看得到天下，就能做天下生意；看得到外国，就能做外国生意。"被世界各地华裔商人奉为"经营之神"的范蠡便是一位极有长远眼光的人，他的成功源自他的眼光和他的长远思考。

范蠡是越国大夫。约公元前494年，越国被吴国打败，范蠡辅助越王勾践卧薪尝胆，发愤图强，最终灭了吴国。恢复越国后，范蠡高瞻远瞩，不为诱人的官位所左右，而是认为"狡兔死，走狗烹，飞鸟尽，良弓藏，敌国破，谋臣亡"。他预见到官场上只可共患难，不能同安乐，便急流勇退，弃官而去。

范蠡来到齐国，改名为鸱夷子皮，带领家人，一边在海滨垦荒、种地，蓄养五畜，并抓住机会做买卖赚钱。由于范蠡聪慧敏捷，理财有方，很快便积累了巨额资产。齐国国君闻其贤名，想请他当齐国的丞相。范蠡听到这个消息后，悄然隐退，并将家中财产全部赠给亲戚朋友。

最后，范蠡来到山东定陶，认为定陶位于天下中心，交通便利，从而定居于此，自号陶朱公。因此，后人更多的只知陶朱公，而不知范蠡。

范蠡的成功之处在于，他从不只顾眼前利益，急功近利，而善于用长远的眼光去指导日常活动，处处比别人棋高一着。

第七章
每个人都是不平凡的

要想成功就必须把眼光放远。成功和失败不是一夜造成的,而是一步一步积累的结果。同样观察当前形势,有的人能睿目观世界,慧眼识潮流;有的人却茫然如堕烟海。这就是成功者和失败者之间的本质区别。

未来向每一个人张开双臂等待着、欢迎着。从现在到未来的时光流逝中,幸运之神不会偏袒任何人。一个缺乏远见、不能洞察未来的人,常常会眼睁睁地看着机会溜走,最终一无所获。

05 你的成功
可以预言

托马斯说:"如果人们把情境定义为现实,那么它们在其后果中便是现实的。"这句话的意思是说,如果你相信自己心中所想的是现实,并且把它们当事实来操作,那么它们也就将会变成现实。这个概念被称作"自我实现的预言",或者可以说是"信念的力量"。

哈佛大学有一门课程叫做"ThePowerofInfluence",列举了许多"自我实现的预言",会让你深有感触。

一个教师认为某个学生朽木不可雕,于是放弃了对他的教育,那个学生自己也相信了这个预言,于是不好好学习,长大后真的一事无成。

一个胆小不善社交而且相貌平平的年轻姑娘被故意当作社交的宠儿,于是她真的变成一个在社交场合自信、应付自如的人。

一个公司的雇员整天害怕失去自己手中的这份工作,于是总是

第七章
每个人都是不平凡的

留意别的工作机会。他的老板发现他竟然在另外找工作，所以开除了他。这个失去工作的预言实现了。

一种所谓的保健品其实妙手空空，什么有效成分也没有，但服用者相信了生产者的"预言"，吃了以后，果然觉得精神好了。

在当今的欧洲、美洲以及南亚的一些地方，诺查丹玛斯这个名字几乎与耶稣、穆罕默德、释迦牟尼等历史、宗教名人齐名，因为他写下的《诸世纪》的预言被无数人奉若神明。

诺查丹玛斯成名是在1516年。

1551年，法国国王亨利二世身染疾患久治不愈，后来得知诺查丹玛斯有占星算命的本事，便命人将他请进宫来。

诺查丹玛斯仔细观察了国王一阵。说:"陛下,您的病不要紧,不出1个月就会不治而愈,但在10年后的今天,您的脑袋会被锐利的武器刺进去,会殃及生命。"

国王听罢大怒,命人将诺查丹玛斯流放到遥远的边疆做苦役。10年即将过去,人们早已将诺查丹玛斯的预言忘得一干二净。可就在他预言的这天晚上,亨利二世多喝了几杯,提出要与卫队长比试击剑。双方你来我往打了几个回合之后,卫队长举剑向国王刺去,就在国王躲闪的一瞬间,头上的面罩突然脱落,剑尖正中国王的眼睛,他惨叫一声倒在地上,9天之后就一命呜呼。

国王死后,人们才想起远在边陲的预言家。诺查丹玛斯,他被接回来时,手中已捧着一册在10年苦役中写成的预言奇书《诸世纪》。

其实,在人生的道路上,我们最缺少的应该是一种智慧的预言,这种预言关系到今后和未来。预言的自我实现需要教养、知识、品格以及面对事实的正常心态。而最重要的是,预言的自我实现的关键在于信念,自己相信,并让别人相信,它才能得以实现。

当然自我实现的预言只在一定条件下发挥作用,你预言一万遍自己能长出翅膀那也是不可能实现的。可见自信对思考的作用是有条件的,对妄想式的预言,自信不会发挥丝毫作用。

06 永不满足，
让自己变得卓越

认为自己优秀的人往往骄傲自满、故步自封，从而丧失迈向卓越的动力。真正的成功者是永远不会满足的，他会把自身的优越条件发挥到最好，从优秀走向卓越。而普通人做事是只要过得去就可以，满足现状，所以永远不会有大的成就。

在现代这样一个竞争激励的社会，我们应该保持一种危机感，不要满足优秀，要不断努力，否则，就会有被淘汰的危险。其实，没有安全感是正常的。在紧张忙碌的今天，绝大部分人都没有安全感，只是程度不同罢了。

你应当坦然对待安全感的问题，既不能让它将你压垮，也不能不把它当成一回事。缺乏安全感往往与你终身相伴，你费尽力气好不容易获得了一个安全感，马上就会发现新的不安全感又来了。所以，你应该把没有安全感当做动力，鞭策自己不断努力，提高自己的安全感。

不要妄想从外界获得安全感，你的安全感来自于你自己。经常地反问自己，我是否足够优秀？

有一个自认为自己是全才的年轻人，毕业以后屡次碰壁，一直找不到理想的工作，他觉得自己怀才不遇，对社会感到非常失望。他伤心而绝望，他感到没有伯乐来赏识他这匹"千里马"。痛苦绝望之下，他来到大海边，打算就此结束自己的生命。在他刚要跳入大海时，有一位老人从附近走过，看见了他，并且救了他。老人问他为什么要走绝路，他说自己得不到别人和社会的承认，没有人欣赏并且重用他⋯⋯

老人从脚下的沙滩上捏起一粒沙子，让年轻人看了看，然后就随便地扔在了地上，对年轻人说："请你把我刚才扔在地上的那粒沙子捡起来。"

"这根本不可能！"年轻人说。

老人没有说话，从自己的口袋里掏出一颗晶莹剔透的珍珠，也随便地扔在了地上，然后对年轻人说："你能把这颗珍珠捡起

第七章
每个人都是不平凡的

来吗？"

"当然可以！"

"这回你明白了吧？你应该知道，现在的你还不是一颗珍珠，所以你不能苛求别人立即承认你。如果要别人承认，那你就要想办法使自己成为一颗珍珠才行。"年轻人蹙眉低首，一时无语。

如果你还没有被社会、被他人认可，那是因为你还是一粒沙子的缘故。那么，把自己变成一颗珍珠吧，你就能安然地处于醒目的位置。

卓越永远都是最好的工作保障，你也许决定不了自己是否会失业，但你可以掌握你的可雇用性。可雇用性是指具备任何雇主都会欣赏和需要的一套技能，不论是在何种行业，处于什么位置。简单来说，你的可雇用性就是你的雇用价值。你的自身价值越大，你所创造的社会价值越大，你的安全感也就越强。如果你有极强的可雇用性，那就不是你担心被老板炒鱿鱼，而是老板担心被你炒鱿鱼。

现代社会瞬息万变，你唯一能做到的就是不断地完善自己，让自己做好最充分的准备，让自己具有极强的可雇用性，那你就能以不变应万变，就能把不安全感降到最低。

苹果公司对待员工的信条是：你的工作安全感取决于你的可雇用性。苹果公司从不向它的员工承诺其工作是终身制，即使是5年或10年也不行。但是苹果公司保证，不管员工在这里是干3个月、6个月，还是6年，只要他愿意，就能不断地学到东西，不断地接受挑战。这样在苹果公司工作一段时间的员工总能在劳动力市场上显示出更高的价值和竞争力。

五六年前，白宁只是一个建筑公司的送水工，如今已经成为建筑公司的副总经理。这是他不断努力、追求卓越的结果。最初负责送水的时候，他并不像其他送水工那样，刚把水桶搬进来，就一面抱怨，一面躲起来吸烟，他给每位建筑工人的水壶倒满水后，便利用工人们的休息时间，向他们请教一些有关建筑的知识。没多久，这个勤奋好学、不安于现状的送水工，就引起了建筑队长的注意，他被提拔为计时员。

当上计时员的白宁依然尽职尽责地工作着，他总是早上第一个来，晚上最后一个走。由于他勤学知识，对于包括地基、垒砖、刷泥浆等在内的所有建筑工作都非常熟悉，当建筑队长不在时，一些工人总喜欢向他请教。

一次，建筑队长看到白宁把旧的红色法兰绒撕开套在日光灯上以解决施工时没有足够的红灯照明的难题后，便决定让这位年轻人做自己的助理。

就这样，通过自己的勤奋努力，白宁抓住了一次又一次的机会，仅仅用了五六年时间，便晋升到了副总经理的位置。

身为公司副总经理的白宁，依然坚持着自己努力学习、勤奋工作的一贯作风。他常常在工作中鼓励大家学习和运用新知识、新技术，还常常自拟计划，自画草图，向大家提出各种好的建议。他总是尽最大努力将客户希望他做的事做到最好。

通过白宁的事例，我们知道，无论你目前的职业和职位是什么，只要你严于律己，勤奋好学，不断提升自身的专业技能，就会不断突破自己，从而走向卓越。

对待工作，你还必须积极主动。千万不要只把工作当作赚钱的手段，而只做自己分内的事情。你应当把公司当成家，把工作当成

第七章
每个人都是不平凡的

是自己的事业追求。善于发现问题，勤于思考，并解决问题。设法增长自己的才干，从而提高自身的价值。

无论自己做得有多优秀，都不要满足于已有的成绩。要想在职场上立于不败之地，就要不断进步，不断发展，给自己寻找更广阔的空间，也只有这样才能让自己更突出，更优秀，成为一个卓越的职业人。